U0269758

——扫码看视频·轻松学技术丛书

黄瓜
高效栽培与病虫害防治
彩色图谱

全国农业技术推广服务中心
国家大宗蔬菜产业技术体系
组编

中国农业出版社

图书在版编目（CIP）数据

黄瓜高效栽培与病虫害防治彩色图谱 / 全国农业技术推广服务中心，国家大宗蔬菜产业技术体系组编. —北京：中国农业出版社，2017.9（2020.3重印）

（扫码看视频：轻松学技术丛书）

ISBN 978-7-109-23378-2

Ⅰ. ①黄… Ⅱ. ①全… ②国… Ⅲ. ①黄瓜－蔬菜园艺－图解②黄瓜－病虫害防治－图解 Ⅳ. ①S626.5-64 ②S436.421-64

中国版本图书馆CIP数据核字（2017）第229090号

中国农业出版社出版

（北京市朝阳区麦子店街18号楼）

（邮政编码 100125）

责任编辑 郭晨茜 孟令洋

北京通州皇家印刷厂印刷 新华书店北京发行所发行

2017年9月第1版 2020年3月北京第2次印刷

开本：787mm × 1092mm 1/16 印张：9

字数：220 千字

定价：49.90 元

编　委　会

出版说明

现如今互联网已深入农业的方方面面，互联网即时、互动、可视化的独特优势，以及对农业科技信息和技术的迅速传播方式已获得广泛的认可。广大生产者通过互联网了解知识和信息，提高技能亦成为一种新常态。然而，不论新媒体如何发展，媒介手段如何先进，我们始终本着“技术专业，内容为王”的宗旨出版好融合产品，将有用的信息和实用的技术传播给农民。

为了及时将农业高效创新技术传递给农民，解决农民在生产中遇到的技术难题，中国农业出版社邀请国家现代农业产业技术体系的岗位科学家、活跃在各领域的一线知名专家编写了这套“扫码看视频•轻松学技术丛书”。书中精选了海量田间管理关键技术及病虫害高清照片，大部分为作者多年来的积累，更有部分照片属于“可遇不可求”的精品；文字部分内容力求与图片内容实现互补和融合，通俗易懂。**更让读者感到不一样的是**：还可以通过微信扫码观看微视频，技术大咖“手把手”教你学技术，可视化地把技术搬到书本上，架起专家与农民之间知识和技术传播的桥梁，让越来越多的农民朋友通过多媒体技术“走进田间课堂，聆听专家讲课”，接受“一看就懂、一学就会”的农业生产知识与技术的学习。

说明：书中病虫害化学防治部分推荐的农药品种的使用浓度和使用量，可能会因为作物品种、栽培方式、生长周期及所在地的生态环境条件不同而有一定的差异。因此，在实际使用过程中，以所购买产品的使用说明书为准，或在当地技术人员的指导下使用。

2017年8月

目录

出版说明

一、生物学特性 …… 1

（一）主要器官 …… 1

（二）生长发育周期 …… 3

1. 发芽期 …… 3

2. 幼苗期 …… 3

3. 抽蔓期 …… 3

4. 结瓜期 …… 3

（三）对生态条件的要求 …… 4

1. 温度 …… 4

2. 水分 …… 4

3. 光照 …… 4

4. 土壤 …… 4

二、如何选用品种 …… 5

1. 栽培条件 …… 5

2. 符合消费者食用习惯 …… 5

3. 选择有品质保障的种子 …… 5

4. 少量试种 …… 5

三、新优品种 …… 6

1. 中农18 …… 6

2. 中农31 …… 6

3. 中农32 …… 6

4. 中农50 …… 7

5. 中农116 …… 7

6. 津冬科润99 …… 7
7. 津优308 …… 8
8. 津优315 …… 8
9. 津优401 …… 8
10. 津优406 …… 9
11. 津优408 …… 9
12. 津优409 …… 10
13. 博杰616 …… 10
14. 密基特 …… 11
15. 博美8号 …… 11
16. 博新5号 …… 11
17. 济优14 …… 12
18. 济优16 …… 12
19. 京研迷你4号 …… 13
20. 京研迷你5号 …… 13
21. 金童、玉女 …… 13
22. 绿岛3号 …… 14

四、主要设施类型及建造 …… 15

（一）简易保护设施 …… 15
（二）塑料薄膜棚 …… 16
1. 小型塑料薄膜拱棚 …… 16
2. 中型塑料薄膜棚 …… 16
3. 大型塑料薄膜棚 …… 17
（三）日光温室 …… 21
1. 土墙竹木结构日光温室 …… 21
2. 土墙钢筋拱架日光温室 …… 25
3. 其他主要推广类型 …… 27

五、高效栽培技术 …… 29

（一）日光温室栽培 …… 29
1. 日光温室冬春茬黄瓜栽培 …… 29
2. 日光温室秋冬茬黄瓜栽培 …… 45
3. 日光温室春茬黄瓜栽培 …… 46
（二）塑料大棚黄瓜栽培 …… 47
1. 春季早熟栽培 …… 47

2.秋延后栽培 …… 50
（三）露地栽培 …… 53
1.春露地栽培技术 …… 53
2.夏秋季露地栽培 …… 57

六、病虫害防治 …… 59

（一）病害 …… 59
黄瓜猝倒病 …… 59
黄瓜立枯病 …… 61
黄瓜霜霉病 …… 63
黄瓜白粉病 …… 66
黄瓜灰霉病 …… 69
黄瓜红粉病 …… 70
黄瓜黑星病 …… 72
黄瓜褐斑病 …… 75
黄瓜炭疽病 …… 78
黄瓜疫病 …… 80
黄瓜枯萎病 …… 83
黄瓜蔓枯病 …… 85
黄瓜菌核病 …… 88
黄瓜细菌性角斑病 …… 90
黄瓜病毒病 …… 92
黄瓜根结线虫病 …… 94
（二）虫害 …… 96
温室白粉虱 …… 96
烟粉虱 …… 98
瓜蚜 …… 100
黄足黄守瓜 …… 102
黄蓟马 …… 105
叶螨 …… 106
瓜实蝇 …… 108
瓜绢螟 …… 110
瓜褐蝽 …… 112
红脊长蝽 …… 113
（三）常见生理病害 …… 114
沤根 …… 115

花打顶 …… 115
化瓜 …… 116
畸形瓜 …… 117
有害气体危害 …… 119
焦边叶 …… 120
叶烧症 …… 120
缺素症 …… 122
药害 …… 124

附录1 蔬菜病虫害防治安全用药表 …… 126

附录2 我国禁用和限用农药名录 …… 131

（一）禁止使用的农药 …… 131
（二）限制使用的农药 …… 131

附录3 安全合理施用农药 …… 133

1. 科学选择农药 …… 133
2. 仔细阅读农药标签 …… 133
3. 把握好用药时期 …… 133
4. 掌握常见农药使用方法 …… 134
5. 合理混用，交替用药 …… 134
6. 田间施药，注意防护 …… 134
7. 剩余农药和农药包装物合理处置 …… 134

附录4 农药的配制 …… 135

1. 药剂浓度表示法 …… 135
2. 农药的稀释计算 …… 135

一、生物学特性

黄瓜起源于热带雨林潮湿地区，其生物学特性与其他蔬菜作物比较，主要是蔓生，枝系发达，根系较弱，营养生长与生殖生长并进，喜温暖湿润、阳光充足，土壤疏松肥沃及空气新鲜的环境条件。

（一）主要器官

黄瓜的根系由种子的胚根发展而来，有主根、侧根及不定根，主要分布于地表下20厘米内，10厘米以内最为密集。

黄瓜的茎为蔓性、五棱、中空，上有刚毛，每节均可产生花芽、卷须与侧枝。侧枝有较强的结果能力。黄瓜茎细长，不能直立，须攀缘于架干或吊绳上生长（图1-1）。

黄瓜的叶分为子叶和真叶。黄瓜子叶对生，长椭圆形，能伴随瓜秧长时间生长。真叶互生，掌状。真叶的长宽，均在10 ～ 30厘米。其光合效能，因品种、叶位、叶龄及环境条件的不同而异（图1-2）。

图1-1　茎

图1-2　叶

黄瓜的花，多数品种为退化型单性花，黄色，雌雄同株。雌花子房下位，花柱较短。黄瓜花在发育过程中有的雌蕊退化，形成雄花；有的雄蕊退化，形成雌花（图1-3）。

图1-3 花
1、2、3.雄花 4、5、6.雌花

黄瓜的果实为假浆果。一般在开花后10～12天长成的果实，顶花带刺、皮鲜肉脆、黄瓜味浓。其果实的细胞分裂在开花期前后进行，开花后主要是细胞膨大，因此从外观上看前期生长速度慢，后期生长量大，瓜条膨大速度快。黄瓜具有单性结实的能力，其强弱因品种而异。生产上，用适宜浓度的植物生长调节剂（2，4-D或九二〇等）处理雌花可促进结实（图1-4）。

图1-4 果 实

（二）生长发育周期

黄瓜种子从种子萌动到植株死亡的整个生长发育过程可分为发芽期、幼苗期、抽蔓期、结瓜期4个生长发育时期(图1-5)。

1. 发芽期　从种子萌动至子叶展开为发芽期。种子萌动指黄瓜休眠的干种子吸水膨胀，在适合的温度及氧气条件下，种子开始生理活动的现象。

图1-5　黄瓜的生长发育周期

2. 幼苗期　从子叶展开到长出4 ～ 5片真叶为幼苗期。

3. 抽蔓期　从幼苗期结束到第一瓜（根瓜）坐住为抽蔓期。多数黄瓜品种从第四节开始出现卷须，节间开始加长，蔓的延长生长明显加快。有的品种出现侧枝，雄花、雌花先后出现并陆续开放。早熟品种变化较早，中晚熟品种则晚。当第一瓜的瓜把由黄绿变成深绿，俗称“黑把”时，标志抽蔓期结束。此期10 ～ 20天，历时较短。此期是以营养生长为主，到营养生长与生殖生长并进的过渡阶段。植株生长主要是茎叶形成，其次为根系的进一步发展，虽已开花并坐瓜，但其比重很小。

4. 结瓜期　从第一条瓜坐住到拉秧为结瓜期。进入结瓜期后，植株每节的叶片、卷须、侧枝、雄花或雌花陆续分化形成，并生长成形。雌花率提高，主蔓叶片的叶面积达到最大，蔓生长的速度也最快。雌花坐瓜后，幼瓜迅速生长。结瓜期的长短差异很大，为30 ～ 250天。一般分枝性强的晚熟品种寿命长，而分枝性弱的早熟品种寿命较短。

（三）对生态条件的要求

1. 温度　黄瓜喜热、怕冷，适宜的生长温度为18～30℃。在0～2℃下植株即冻死，5～10℃有遭受冻害的可能。通常5℃以下黄瓜就难以适应，若经低温锻炼，可忍受3℃的低温；10～12℃以下生理活动失调，生育缓慢或停止生育。黄瓜种子最低发芽温度为13℃，最适发芽温度为30℃，35℃以上发芽率反而降低。

2. 水分　黄瓜喜湿不耐旱，要求土壤含水量85%～95%，空气相对湿度白天80%，夜间90%为宜。黄瓜不同发育阶段对水分的要求不同，其中发芽期要求水分充足，但不能超过土壤含水量的90%，以免引起烂根。幼苗期与初花期应适当控水，不可过湿，维持土壤含水量80%左右即可，以防止徒长和沤根。结瓜期因其营养生长与生殖生长同步进行，耗水量大，必须及时供水，但黄瓜怕涝，宜小水勤浇。

3. 光照　黄瓜喜光而耐阴，育苗时光照不足，则幼苗徒长，难以形成壮苗；结瓜期光照不足，则易引起化瓜。

4. 土壤　黄瓜需选择富含腐殖质、透气性良好、既保肥保水又排水良好的壤土进行栽培最为适宜。若在黏质土壤中栽培黄瓜，则生育迟缓，幼苗生长缓慢；若选用沙质土栽培，则黄瓜发棵快，结瓜早。大约每生产1 000千克黄瓜需消耗钾（K_2O）3.8～5千克、氮（N）2.8千克、磷（P_2O_5）0.9千克、钙（CaO）3.1千克、镁（MgO）0.7千克。各元素80%以上是结果以后吸收的，其中50%～60%是在收获盛期吸收的。

二、如何选用品种

我国现有栽培的黄瓜品种繁多，选择一个好的优良品种是生产者最迫切的愿望，挑选黄瓜品种时要注意以下几个问题：

1. 栽培条件　所选品种要与栽培方式、栽培茬次期间的气候变化规律、地力条件和生产水平等相适应。比如，用于棚室早春栽培的品种应既耐低温弱光，又能耐高温高湿，在低温和高温下都能正常长秧和结瓜。

2. 符合消费者食用习惯　品种的产品性状如瓜长、颜色、棱瘤和刺的有无和多少、刺的颜色等要符合主销产地的消费者的食用习惯。

3. 选择有品质保障的种子　选购时要挑选国家科研院所、有资质及信誉良好的种子企业的种子。

4. 少量试种　所购种子应已有了一定的推广面积，最好是在当地已经试种成功的。若是没有试种过的新品种，最好先少量购买试种，之后才可大量种植。

温馨提示

优良品种≠适宜品种，要在适宜的前提下做到优良；
别地优良≠本地优良，引入前必须试种；
现在优良≠未来优良，储备良种，必要时更新；
试验品种→示范品种→储备品种→推广品种→当家品种。

三、新优品种

图3-1　中农18

1. 中农18　中国农业科学院蔬菜花卉研究所培育。露地和春秋大棚兼用黄瓜一代杂种。早熟，生长势强，分枝中等。主蔓结果为主。瓜色深绿，瓜长33～38厘米，把短。刺瘤密，白刺，瘤中小，无黄色条纹。丰产，每667米^{2}产量可达10 000千克。抗霜霉病、白粉病、病毒病等病害。适宜春秋大棚和露地栽培（图3-1）。

图3-2　中农31

2. 中农31　中国农业科学院蔬菜花卉研究所培育。瓜色深绿、有光泽，腰瓜长约35厘米，瓜把短，心腔小，瓜肉淡绿色，商品瓜率高。刺瘤密，白刺，瘤小，无棱。抗霜霉病、白粉病、西瓜花叶病毒病，中抗枯萎病；耐低温弱光能力突出；早熟性好，持续结瓜及丰产优势明显，每667米^{2}产量10 000千克以上。适宜我国北方地区日光温室各茬口栽培（图3-2）。

3. 中农32　中国农业科学院蔬菜花卉研究所培育。植株生长势强，耐低温弱光能力突出。瓜色深绿、稍亮，腰瓜长约

35厘米，粗约3.4厘米，瓜把短，心腔小，果肉淡绿色，商品瓜率高。刺瘤密，白刺，瘤小，无棱。抗西瓜花叶病毒（WMV）、西葫芦黄色花叶病毒（ZYMV）、番木瓜环斑病毒（PRSV），中抗黄瓜花叶病毒（CMV）、霜霉病、枯萎病、黑星病。早熟性好，持续结果及丰产优势明显。越冬温室栽培每667米^{2}产量10 000千克以上。适宜日光温室各茬口栽培（图3-3）。

图3-3　中农32

4. 中农50　中国农业科学院蔬菜花卉研究所培育。该品种瓜条有光泽，连续结果能力强。早熟，早春种植表现为强雌性，几乎节节有瓜，瓜条发育速度快。瓜长25～30厘米，把短，无黄色条纹。前期产量高，丰产。抗霜霉病、白粉病等病害。适合温室早春茬栽培，也可在春大棚种植（图3-4）。

图3-4　中农50

5. 中农116　中国农业科学院蔬菜花卉研究所培育。早中熟，主蔓结果为主，瓜码较密。瓜色深绿，瓜长约30厘米，商品瓜率高。刺瘤密，白刺，瘤小，无棱，无黄色条纹，口感脆甜。抗霜霉病、枯萎病、WMV、ZYMV，中抗CMV。丰产潜力大，每667米^{2}产量可达10 000千克以上。适宜春秋大棚及露地栽培（图3-5）。

图3-5　中农116

6. 津冬科润99　天津科润黄瓜研究所培育。该品种植株生长势强，叶片中等大小，主蔓结瓜为主，品种适应性强，瓜码密，连续结瓜能力强，总产量高。商品性突出，短把密刺，瓜条顺

图3-6　津冬科润99

直，腰瓜长35厘米左右。抗病能力较强，适宜早春及秋大棚栽培（图3-6）。

7. 津优308　天津科润黄瓜研究所培育。植株生长势较强，叶片中等偏大，叶色深绿；以主蔓结瓜为主，回头瓜多，持续坐果能力强，瓜条生长速度快；抗霜霉病、角斑病、枯萎病，中抗白粉病。适应性强，生长后期耐高温，在34 ~ 36℃条件下仍可正常结瓜。瓜条顺直，皮色深绿、光泽度好，无黄线，瓜把小于瓜长1/7，刺密、无棱、瘤适中，瓜形美观；腰瓜长34厘米左右，畸形瓜率极低；果肉淡绿色，肉质甜脆，品质好，商品性佳。早熟，生育期长，不易早衰，前、中、后期产量均衡，越冬温室栽培每667米^{2}产量16 000千克，最高可达20 000 千克。适宜我国北方地区越冬温室和早春大棚栽培（图3-7）。

图3-7　津优308

8. 津优315　天津科润黄瓜研究所培育。该品种与对照津优35相比，瓜码更密，颜色更深，腰瓜比津优35长3 ~ 5 厘米。耐低温弱光性强，抗多种病害，产量高，经济效益好，是目前温室黄瓜主栽品种津优35的升级品种，适合温室及春大棚栽培（图3-8）。

9. 津优401　天津科润黄瓜研究所培育。植株长势较强，叶片中等大小，叶色绿。主蔓结瓜为主，持续结瓜能力强。瓜条长35厘米左右，瓜把长约为瓜长的1/8，单瓜重200

克左右。瓜条深绿色，有光泽，刺瘤中等，商品瓜率高。抗霜霉病、白粉病、枯萎病、病毒病等病害。春露地栽培每667米^{2}产量可达5 500千克以上，适合河北、河南、四川及东北地区露地以及秋大棚栽培（图3-9）。

图3-8　津优315

图3-9　津优401

10. 津优406　天津科润黄瓜研究所培育。植株长势较强，叶片中等大小，叶色绿。以主蔓结瓜为主，持续结瓜能力强。瓜条长35厘米左右，瓜把约为瓜长的1/8。亮绿，有光泽，刺瘤，无棱，少纹，口感脆甜。商品瓜率高，丰产稳产性好，每667米^{2}产量最高可达6 000千克以上。抗霜霉病、白粉病、枯萎病、病毒病等病害。耐热性好，适合秋大棚及露地栽培（图3-10）。

图3-10　津优406

11. 津优408　天津科润黄瓜研究所培育。该品种植株长势强，叶片中等大小，瓜码密、产量高。腰瓜长35厘米左右，瓜把

图3-11　津优408

短，瓜条顺直，瓜色翠绿有光泽，商品性佳。抗病性好，适宜春、秋露地及大棚栽培（图3-11）。

12. 津优409　天津科润黄瓜研究所培育。植株生长势强，瓜色深绿、光泽度好，瓜把短，商品瓜率高，瓜条长36 厘米左右。抗病、丰产性好，春露地栽培667米^{2}产量可达6 000千克以上，适合露地栽培（图3-12）。

13. 博杰616　天津德瑞特种业有限公司培育。长势稳健，小叶片，叶片黑厚，株型好。下瓜早，瓜码密，前中期产量突出，总产量特别高。瓜条顺直整齐，短把密刺，瓜色深绿油亮，平均瓜长33厘米，绿瓤，商品瓜率高。高抗霜霉病、角斑病、靶斑病，特抗枯萎病等病害（图3-13）。

图3-12　津优409

图3-13　博杰616

14. 密基特　荷兰引进一代杂交水果黄瓜品种，纯雌性。植株健壮，每节1～2瓜，瓜长16厘米左右，单瓜重100～130克，瓜条长圆柱形，果肉厚，顺直光滑，无刺，瓜色亮绿，光泽度好，瓜条生长迅速，产量高，耐贮运。高抗病毒病和白粉病及疮痂病。保护地专用品种，适宜温室及春棚栽培。每667米^{2}种植3 500株左右，建议嫁接种植（图3-14）。

图3-14　密基特

15. 博美8号　天津德瑞特种业有限公司培育。油亮型黄瓜新品种，主蔓结瓜为主，侧蔓瓜商品性亦佳。株型紧凑，叶色深绿，单瓜重200 克左右，瓜条长36～40厘米。把短条直，刺瘤明显、密集，心腔细，果肉厚、呈淡绿色，口感清香。瓜身匀称，色泽深绿油亮，商品性极佳。高产，高抗霜霉病、靶斑病等叶部病害，适宜春冷棚及露地栽培（图3-15）。

16. 博新5号　天津德瑞特种业有限公司培育。长势强、耐低温、耐弱光。瓜码密，2～3节一瓜。膨瓜快、下瓜早、前期产量高。瓜条顺直整齐、短把密刺，瓜条长35厘米左右。适合早春大棚栽培（图3-16）。

图3-15　博美8号

图3-16　博新5号

17. 济优14　植株生长势强，叶片中等大小，深绿色、较厚，主蔓结瓜为主，有回头瓜，第一雌花节位位于主蔓第二至三节，雌花节率75%左右。瓜条顺直，瓜长30～35厘米，单瓜质量200克左右。瓜把适中，心腔小于瓜横径的1/2，瓜皮深绿色，富光泽，刺瘤中等大小，密生白刺，无棱。果肉淡绿色，口感脆甜。在前期较低温度下生长发育正常，在阴天、有雾、弱光条件下未出现叶片上卷、生长较慢、花打顶等症状。生长中后期能耐35℃左右的高温，高温条件下未出现瓜条明显变短、色泽变淡、畸形瓜增多、植株生长发育明显受阻等症状。抗霜霉病、白粉病、枯萎病，日光温室早春栽培前期每667米^{2}产量2 900千克左右，每667米^{2}总产量7 500千克左右。适宜日光温室早春栽培（图3-17）。

18. 济优16　植株长势旺，叶片中等大小，深绿，主蔓结瓜为主，有回头瓜，第一雌花节位始于主蔓第五至六节，雌花节率 45%左右。瓜条顺直，瓜长 35 厘米左右，单瓜质量 220 克，心腔小于 1/2。瓜色深绿，密刺，刺瘤中等，富光泽，无棱，果肉淡绿色，口感脆甜，商品性好。在前期夜间低温 8～10℃、阴天、有雾、弱光条件下该品种未表现出明显的叶片反卷、生长较慢、花打顶、畸形瓜增多等生理异常，表现出较强的耐低温弱光性能。适于越冬日光温室栽培（图3-18）。

图3-17　济优14

图3-18　济优16

19. 京研迷你4号　北京市农林科学院蔬菜研究中心选育。冬季温室专用品种，耐低温、弱光能力强，全雌性，生长势强，抗病性强。瓜长12 ～ 14厘米，无刺，亮绿有光泽，产量高，品质好。生产上注意防治蚜虫与白粉虱，以免感染病毒病。适宜长江以北地区种植（图3-19）。

20. 京研迷你5号　北京市农林科学院蔬菜研究中心选育。早熟、丰产、优质、全雌性水果黄瓜一代杂种。生长势强，叶色浓绿，瓜色较深，瓜长15 ～ 19厘米，单瓜重90 ～ 110克，果面光滑，无刺瘤，心室小，适于生食，品质较好。抗霜霉病和白粉病，不抗主要病毒病。耐低温弱光，耐热性好，秋季栽培坐瓜优良。适于冬、春温室和春、秋大棚栽培（图3-20）。

图3-19　京研迷你4号

图3-20　京研迷你5号

21. 金童、玉女　又叫拇指小黄瓜，是超小水果型黄瓜。由北京北农三益黄瓜生态育种科技中心自主研发。其品质特点为甜脆、清爽、口感好，两者大小和形状相同，只是颜色有别，即金童为绿色，玉女为白色。瓜长4 ～ 5 厘米，无把，均为椭圆形，光滑无刺有光泽，脆甜、清爽。强雌性，极早熟，瓜膨大速度快，连续坐瓜能力强，每节1 ～ 2个瓜，平均单瓜重30克。较耐低温、弱光，适合保护地秋冬或冬春栽培（图3-21和图3-22）。

图3-21　金　童

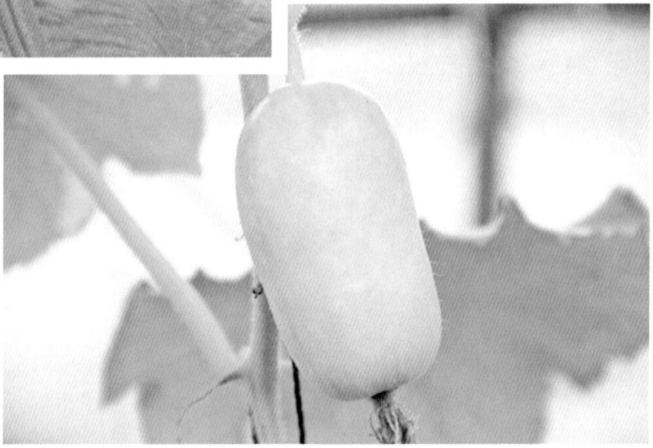

图3-22　玉　女

图3-23　绿岛3号

22. 绿岛3号　河北科技师范学院培育。该品种为优质丰产早黄瓜新品种，瓜色亮绿，瘤较明显，刺半透明，瓜长20～25厘米。产量高，品质优良，产品市场竞争力强。保护地专用（图3-23）。

四、主要设施类型及建造

（一）简易保护设施

简单保护设施主要分为地面简易覆盖和近地面覆盖。地面简易覆盖常见的有地膜覆盖、秸秆覆盖等，近地面覆盖包括阳畦、风障畦、电热温床等。

地膜覆盖是塑料薄膜地面覆盖的简称，是现代农业生产中既简单又有效的增产措施之一（图4-1）。地膜种类较多，应用最广的为聚乙烯地膜，厚度多为0.005 ~ 0.015毫米。地膜覆盖可用于果菜类、叶菜类、瓜类等蔬菜作物的春早熟露地栽培；地膜覆盖还用于大棚、温室果菜类蔬菜栽培，以提高地温和降低空气湿度，一般在秋、冬、春设施栽培中应用较多；地膜覆盖也可用于各种蔬菜作物的播种育苗，以提高播种后的土壤温度和保持土壤湿度，有利发芽出土。

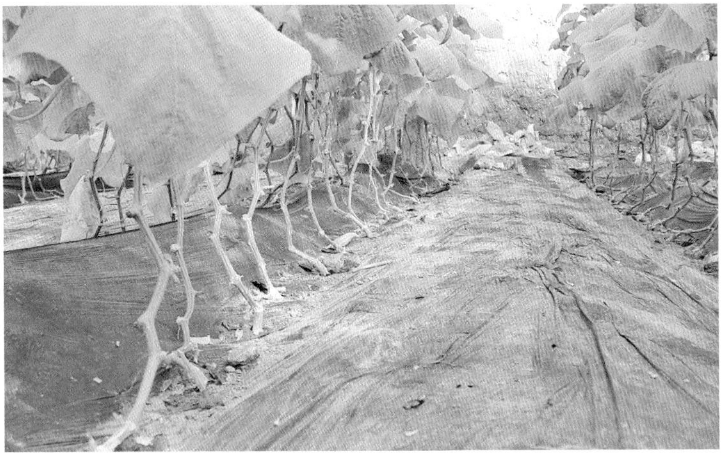

图4-1　地膜覆盖

（二）塑料薄膜棚

1. 小型塑料薄膜拱棚　一般来说，小型塑料薄膜拱棚（小拱棚）高大多在1.0 ~ 1.5米，内部难以直立行走。小拱棚主要应用于：①耐寒蔬菜春提前、秋延后或越冬栽培。由于小拱棚可以覆盖草苫防寒，因此与大棚相比早春栽培可更加提前，晚秋栽培可更为延后。耐寒蔬菜如青蒜、白菜、芫荽、菠菜、甘蓝等，可用小拱棚保护越冬。②果菜类蔬菜春季提早定植，如番茄、辣椒、茄子、西葫芦等。③早春育苗，如用于塑料薄膜大棚或露地栽培的春茬蔬菜及西瓜、甜瓜等育苗。

图4-2　拱圆形小拱棚

拱圆形小拱棚是生产上应用最多的类型，主要采用毛竹片、竹竿、荆条或直径6 ~ 8毫米的钢筋等材料，弯成宽1 ~ 3米，高1.0 ~ 1.5米的弓形骨架（图4-2）。骨架用竹竿或8号铅丝连成整体，上覆盖0.05 ~ 0.10毫米厚薄膜，外用压杆或压膜线等固定薄膜。小拱棚的长度不限，多为10 ~ 30米。通常为了提高小拱棚的防风、保温能力，除了在田间设置风障之外，夜间可在膜外加盖草苫、草袋片等防寒物。

2. 中型塑料薄膜棚　中型塑料薄膜棚（中拱棚）的面积和空间比小拱棚大，人可在棚内直立操作，是小棚和大棚之间的中间类型。中型塑料薄膜棚主要为拱圆形结构，一般跨度为3 ~ 6米。在跨度为6米时，以棚高2.0 ~ 2.3米、肩高1.1 ~ 1.5米为宜；在跨度为4.5米时，以棚高1.7 ~ 1.8米、肩高1.0米为宜。长度可根据需要及地块形状确定。按建筑材料的不同，拱架可分为竹木结构中棚、钢架结构中棚、竹木与钢架混合结构中棚、镀锌钢管装配式中棚。中拱棚可用于果菜类蔬菜的春早熟或秋延后生产，也可用于采种。在中国南方多雨地区，中拱棚应用比较普遍，因其高度与跨度的比值比塑料薄膜大棚要大，有利雨水下流，不易积水形成“雨兜”，便于管理。

（1）竹木结构中拱棚　按棚的宽度插入5厘米宽的竹片，将其用铅丝上下绑缚一起形成拱圆形骨架，竹片入土深度25 ~ 30厘米。拱架间距为1米左右。

其构造参见竹木结构单栋大棚（第18页）。竹木结构的中拱棚，跨度一般为4 ～ 6米，南方多用此棚型。

（2）钢架结构中拱棚　钢骨架中拱棚跨度较大，拱架有主架与副架之分。跨度为6米时，主架用直径4厘米（4分）钢管做上弦、直径12毫米钢筋做下弦制成桁架，副架用直径4厘米钢管制成。主架1根，副架2根，相间排列。拱架间距1.0 ～ 1.1米。钢架结构也设3道横拉杆，用直径12毫米钢筋制成。横拉杆设在拱架中间及其两侧部分1/2处，在拱架主架下弦焊接，钢管副架焊短截钢筋与横拉杆连接。横拉杆距主架上弦和副架均为20厘米，拱架两侧的2道横拉杆，距拱架18厘米。钢架结构不设立柱（图4-3）。

图4-3　钢架结构中拱棚

（3）混合结构　其拱架也有主架与副架之分。主架为钢架，用料及制作与钢架结构的主架相同。副架用双层竹片绑紧做成。主架1根，副架2根，相间排列。拱架间距0.8 ～ 1.0米，混合结构设3道横拉杆，横拉杆用直径12毫米钢筋做成，横拉杆设在拱架中间及其两侧部分1/2处，在钢架主架下弦焊接。竹片副架设小木棒与横拉杆连接，其他均与钢架结构相同。

3. 大型塑料薄膜棚　简称塑料大棚，它是用塑料薄膜覆盖的一种大型拱棚，和温室相比，它具有结构简单、建造和拆装方便、一次性投资较少等优点；与中小棚相比，又具有坚固耐用，使用寿命长，棚体空间大，有利作物生长，便于环境调控等优点。由于棚内空间大，作业方便，且可进行机械化耕作，使生产效率提高，所以是中国蔬菜保护地生产中重要的设施类型。

温馨提示

蔬菜大棚应选择建在地下水位低，水源充足、排灌方便，土质疏松肥沃无污染的地块上；以南北向为好，如受田块限制，东西向也可以，尽量避免斜向建棚。一般要求座向为南北走向，排风口设于东西两侧，有利于棚内湿度的降低；减少了棚内搭架栽培作物及高秆作物间的相互遮阴，使之受光均匀；避免了大棚在冬季进行通风（降温）、换气操作时，降温过快以及北风的侵入，同时增加了换气量。

(1) 单栋大棚　生产上绝大多数使用的是单栋大棚，棚面有拱形和屋脊形两种。它以竹木、钢材、钢筋混凝土构件等做骨架材料，其规模各地不一。

①竹木结构单栋大棚。一般跨度为8 ~ 12米，脊高2.4 ~ 2.6米，长40 ~ 60米，一般每栋面积667米^{2}左右，由立柱（竹、木）、拱杆、拉杆、吊柱（悬柱）、棚膜、压杆（或压膜线）和地锚等构成（图4-4和图4-5），其用料见表4-1。

图4-4　竹木结构单栋大棚

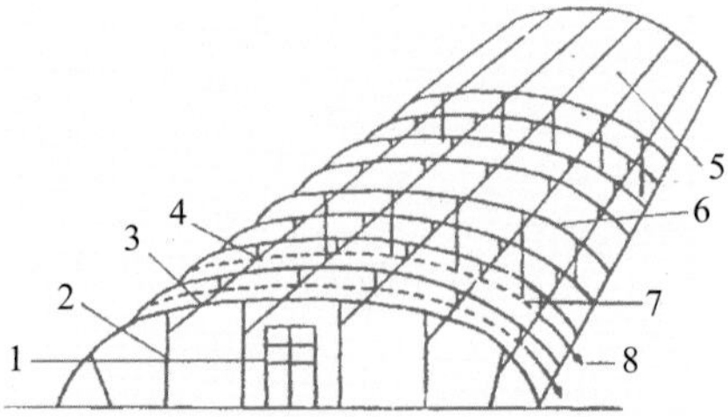

图4-5　竹木结构单栋大棚示意
1.门　2.立柱　3.拉杆（纵向拉梁）　4.吊柱　5.棚膜　6.拱杆　7.压杆（压膜线）　8.地锚

表4—1　667米^{2}竹木及竹木水泥混合结构大棚用料

用料种类	规格		用量	用途
	长（米）	直径（厘米）		
竹竿	6～7	4～5	120根	拱杆
竹竿或木棍	6～7	5～6	60根	拉杆
杨柳木或水泥柱	2.4	8×10	38根	中柱
	2.1	8×8	38根	腰柱
	1.7	7×7	38根	边柱
铅丝或压膜线	8号	—	50～60千克	压膜
	拉力80千克	—	8～9千克	压膜
门	1.5～2米	80	2副	出入口
薄膜	—	—	120～140千克	盖棚

大棚建造步骤：

定位：按照大棚宽度和长度确定大棚4个角，使之成直角，后打下定位桩，在定位桩之间拉好定位线，把地基铲平夯实，最好用水平仪矫正，使地基在一个平面上，以保持拱架的整齐度。

埋立柱：立柱起支撑拱杆和棚面的作用，纵横成直线排列。选直径4 ~ 6厘米的圆木或方木为柱材，立柱基部可用砖、石或混凝土墩，也可将木柱直接插入土中30 ~ 40厘米，立柱入土部分涂沥青以防止腐烂。上端锯成缺刻，缺刻下钻孔，以备固定棚架用。其纵向每隔0.8 ~ 1.0米设1根立柱，与拱杆间距一致，横向每隔2米左右1根立柱，立柱的直径为5 ~ 8厘米，中间最高，一般2.4 ~ 2.6米，向两侧逐渐变矮，形成自然拱形。这种竹木结构的大棚立柱较多，使大棚内遮阴面积大，作业也不方便，因此逐渐发展为“悬梁吊柱”形式，即将纵向立柱减少，而用固定在拉杆上的小悬柱代替。小悬柱的高度约30厘米，在拉杆上的间距为0.8 ~ 1.0米，与拱杆间距一致，一般可使立柱减少2/3，大大减少立柱形成的阴影，有利于光照，同时也便于作业。

固定拱杆：拱杆是塑料薄膜大棚的主骨架，决定大棚的形状和空间构成，还起支撑棚膜的作用。拱杆可用直径3 ~ 4厘米的竹竿或宽约5厘米、厚约1厘米的毛竹片按照大棚跨度要求连接构成，一般2 ~ 3根竹竿可对接完成一个完整的圆拱。拱杆两端插入地中，其余部分横向固定在立柱顶端，成为拱形，通常每隔0.8 ~ 1.0米设1道拱杆，埋好立柱后，沿棚两侧边线，对准立柱的顶端，把拱杆的粗端埋入土中30厘米左右，然后从大棚边向内逐个放在立柱顶端的豁口内，用铁丝固定。铁丝一定要缠好接口向下拧紧，以免扎破薄膜。

固定拉杆：拉杆是纵向连接立柱的横梁，对大棚骨架整体起加固作用。拉杆可用竹竿或木杆，通常用直径3 ~ 4厘米的竹竿作为拉杆，拉杆长度与棚体长度一致，顺着大棚的纵长方向，绑的位置距顶25 ~ 30厘米处，用铁丝绑牢，使之与拱杆连成一体。绑拉杆时，可用10号至16号铅丝穿过立柱上预先钻出的孔，用钳子将拉杆拧在立柱上。

盖膜：为了以后放风方便，也可将棚膜分成几大块，相互搭接在一起（重叠处宽要≥20厘米，每块棚膜边缘烙成筒状，内可穿绳），电熨斗加热黏接，便于从接缝处扒开缝隙放风。接缝位置通常是在棚顶部及两侧距地面约1米处。若大棚宽度小于10米，顶部可不留通风口；若大棚宽度大于10米，难以靠侧风口对流通风，就需在棚顶设通风口。棚膜四周近地面处至少要多留出30厘米（图4-6）。扣上塑料薄膜后，在两根拱杆之间放一根压膜线，压在薄膜上，使塑料薄膜绷平压紧，不能松动。压膜线两端应绑好横木埋实在土中，也可固定在大棚两侧的地锚上。

装门：用方木或木杆做门框，门框上钉上薄膜。

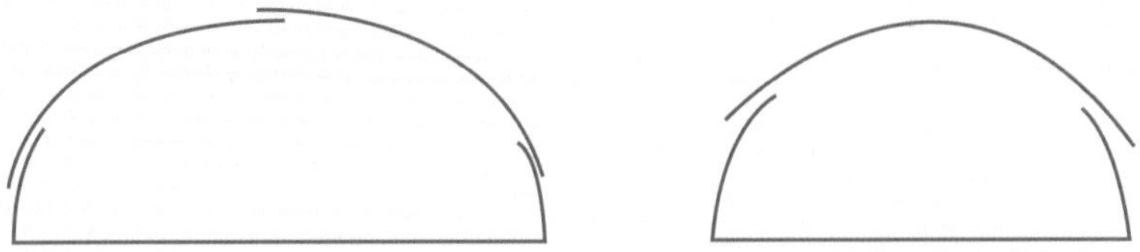

跨度大于10米，顶部和侧面两边留风口
跨度小于10米，侧面两边留风口

图4-6　覆膜方式

②钢架结构单栋大棚。这种大棚的特点是坚固耐用，中间无柱或只有少量支柱，空间大，便于蔬菜作物生长和人工或机械作业，但一次性投资较大。这种大棚因骨架结构不同可分为：单梁拱架、双梁平面拱架、三角形（由三根钢筋组成）拱架。通常大棚宽10 ~ 15米，高2.8 ~ 3.5米，长度50 ~ 60米，单栋面积多为667 ~ 1 000米^2。根据中国各地情况，单栋面积以每个棚667米^{2}为好，便于管理。棚向一般南北延长、东西朝向，这样的棚向光照比较均匀。单栋钢骨架大棚扣塑料棚膜及固定方式，与竹木结构大棚相同。大棚两端也有门，同时也应有天窗和侧窗通风（图4-7）。

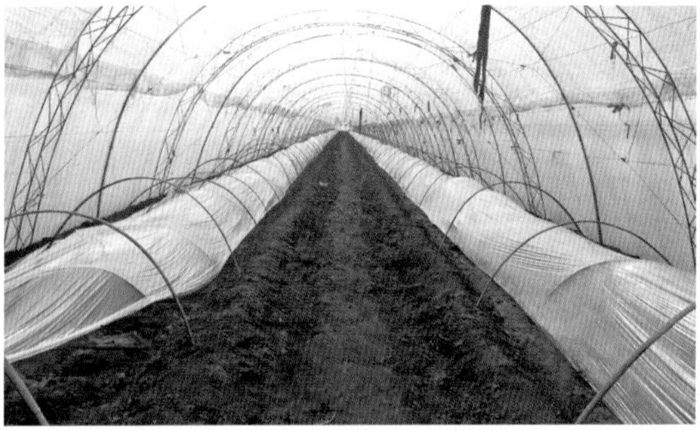

图4-7　钢架结构单栋大棚

③钢竹混合结构大棚。此种大棚的结构为每隔3米左右设一平面钢筋拱架，用钢筋或钢管作为纵向拉杆，约每隔2米一道，将拱架连接在一起。在纵向拉杆上每隔1.0~1.2米在短立柱顶上架设竹拱杆，与钢拱架相间排列。其他如棚膜、压杆（线）及门窗等均与竹木或钢结构大棚相同。钢竹混合结构大棚用钢量少，棚内无柱，既可降低建造成本，又可减少立柱遮光，改善作业条件，是一种较为实用的结构。

④镀锌钢管装配式大棚。这类大棚采用热浸镀锌的薄壁钢管为骨架建造而成，虽然造价较高，但由于它具有强度好、耐锈蚀、重量轻、易于安装拆卸、棚内无柱、采光好、作业方便等特点，同时其结构规范标准，可大批量工业化生产，所以在经济条件较好的地区，有较大面积推广应用。

（2）连栋大棚　由两栋或两栋以上的拱形或屋脊形单栋大棚连接而成，单栋宽度8 ~ 12米。连栋大棚具覆盖面积大、土地利用较充分、棚内温度变化较平稳、便于机械耕作等优点（图4-8）。

图4-8　连栋大棚

（三）日光温室

日光温室是指以日光为能源，具有保温蓄热砌体围护和外覆盖保温措施的建筑砌体，冬季无需或只需少量补温，便能实现周年生产的一类具有中国特色的保护设施。

日光温室建造场地应选择地形开阔、高燥向阳、周围无高大树木及其他遮光物体的平地或南向坡地，避免选择遮光地方，确保光照充足。同时，应选择避风向阳之处，选择地应地势高燥、排水良好、水源充足、水质好、土质肥沃疏松、有机质含量高、无盐渍化及其他土壤污染，距交通干线和电源较近，以有利于物质运输及生产。但应尽量避免在公路两侧，以防止车辆尾气和灰尘的污染。

06

1. 土墙竹木结构日光温室　土墙温室造价低，土墙具有良好的保温和贮热能力，而且这类温室均为半地下类型，其栽培效果较好；但夏季容易积水，易损毁，使用年限短。不同地区，这种温室各部分的具体尺寸和角度有些差别。

07

（1）墙体　选好建造场地后，用挖掘机将表层20厘米深范围内的土壤移出，置于温室南侧，将土堆砌成温室的后墙和侧墙，再用挖掘机或推土机碾实。注意，在留门的位置要预先用砖做成拱门（图4-9）。墙体堆好后，用挖掘机将墙体内层切削平整（图4-10），并将表层土壤回填。这样建成的温室墙体很厚，下部宽度达3 ~ 4米，上部也在1米以上。

图4-9　拱　门

图4-10　切削平整的墙体

（2）后屋面　后墙前埋设一排立柱，间距3米，以水泥柱为好，立柱上东西方向放置檩条。每段檩条长3米，在立柱顶部搭接，为保证坚固，可根据情况在两根立柱之间再支加强柱。在温室后墙顶部应先铺几层砖，檩条上铺椽子，椽子前端搭在檩条上，后部搭在后墙顶部的砖块上（图4-11）。或者在后墙内层，紧贴后墙加一排立柱，其上横放檩条，将椽子搭在上面（图4-12），此时温室的后屋面下方即有两排立柱。椽子上可铺芦苇帘，但最好用两层薄膜将玉米秸包起来，外面再盖土，这样温室的保温性能好，且不易腐朽。

图4-11　后墙顶部铺砖

图4-12　后墙内层的立柱

图4-13　椽子直接搭在墙上

温馨提示

最好不要把椽子直接搭在土墙上，这样容易引起土墙坍塌（图4-13）。

（3）前屋面　温室的前屋面下设置3排立柱（图4-14），若用竹竿作支柱，要提前用镰刀对竹竿、竹片修整毛刺，避免其划破薄膜，然后每一根拱杆下面设置3 根立柱，每根拱杆均由上部的竹竿和接地部分的竹片组成，间距80厘米，最后用8号铅丝分别将各排立柱连接起来；若水泥立柱，同样设置3排，同一排立柱的间距为1.6米，立柱上放松木做拉杆（图4-15），为保证覆盖薄膜后压膜线压紧薄膜，拱杆和拉杆之间要有一定的间距，为此，可以在前两排立柱的拉杆之上再垫块砖（图4-16）。用竹竿和竹片做拱，即每道拱前端为竹片，后部为竹竿，最前一排立柱上不绑拉杆，而且是每根拱杆下都有小立柱，只是用铁丝把小立柱连接起来，这样，压膜线能将薄膜压紧，平面前部呈波浪状，减少“风鼓膜”现象。同时做好地锚，用于将来固定薄膜和草苫。

图4-14　3排立柱

图4-15　松木拉杆

图4-16　拉杆上垫砖
1.拉杆　2.拱杆　3.立柱

（4）薄膜　使用EVA 薄膜或PVC 薄膜，每年更换新膜。通常覆盖3块薄膜，留上、下两个通风口。也可以覆盖两块薄膜，下部留一个通风口，上部设置拔风筒（图4-17），每隔3米设置1个拔风筒。拔风筒实际上是用塑料薄膜黏合而成的袖筒状塑料管，下端与温室薄膜黏合在一起，上端边缘包埋一个铁丝环，铁丝环上连接细铁丝，筒内有一根竹竿通到温室内，支起竹竿可通风（图4-18），放下竹竿并稍加旋转可闭风（图4-19）。薄膜边缘要包埋尼龙线，这样搭接处就可以紧密闭合。为了充分利用土地，减少出入口冷风进入，可以不在墙体上留门，而是在前屋面薄膜上留出入口（图4-20）。

图4-17　设置拔风筒

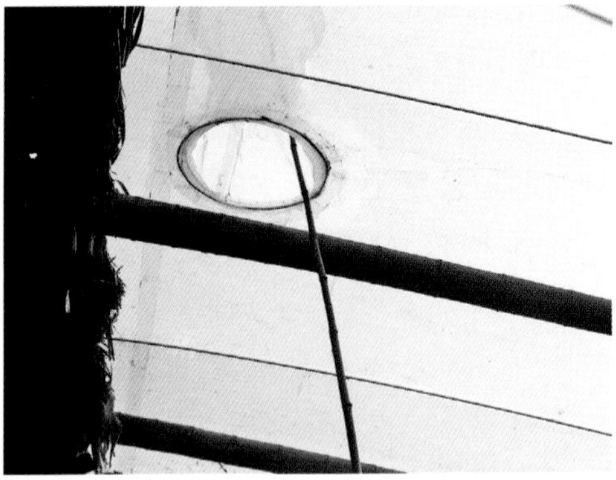
图4-18　竹竿支起（通风状态）

图4-19　竹竿放下且旋转（闭风状态）

图4-20　前屋面设置出入口

（5）其他　为充分发挥温室的保温性能，在温室上应该覆盖一层半或两层草苫（图4-21）。竹木结构的前屋面通常不能承受卷帘机的重量，需要人工卷放草苫。温室前屋面接近地面的位置，也是温室温度最低的位置，可在草苫外面额外再围一层草苫，提高保温效果。温室后屋面和后墙容易受到雨水冲刷，雨季前可在温室后屋面上覆盖废旧塑料薄膜，将后屋面表面连同后墙都盖住，或者用石块、砖、

图4-21　温室覆盖草苫

水泥将墙体、后屋面都包起来，使其更加坚固。

2. 土墙钢筋拱架日光温室　这种温室的土墙保温、贮热性能良好，且使用了钢筋拱架，坚固耐用，中间无柱或只有少量支柱，空间大，便于蔬菜作物生长和人工或机械作业，但一次性投资较大。温室一般宽6.6 ～ 8米，高3.5米，墙体基部厚3米以上，后墙内侧高2.8米（图4-22）。双弦拱架，两弦之间采用工字形支撑形式，可节省钢筋，降低成本（图4-23）。但位于后屋面下的拱架部分应采用人字形支撑形式，以确保坚固性。若资金充足，整个拱架均应采用人字形支撑形式（图4-24）。

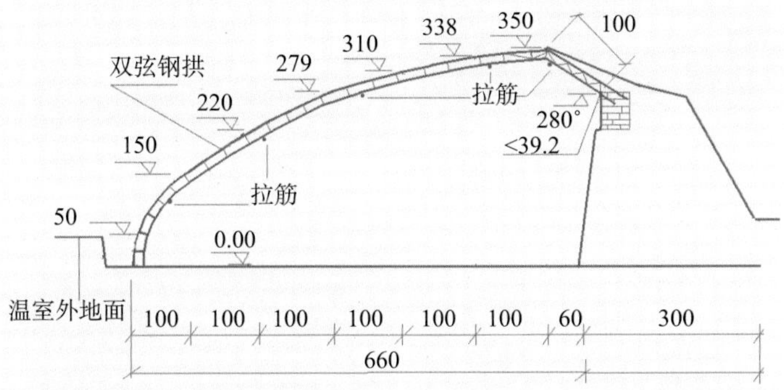

图4-22　土墙钢筋拱架日光温室结构图（单位：厘米）

图4-23　工字形拱架

图4-24　人字形拱架

建造流程同土墙竹木结构日光温室，但用钢筋或钢管焊接成钢筋拱架局部压力大，所以不能直接放置在土后墙上，必须先在后墙上加支撑物。可在后墙上砌6 ～ 7层砖，拱架放置在墙中，并用水泥浇筑（图4-25）。也可紧贴后墙埋设一排立柱，每个立柱顶部放置一块木头或一块黏土砖，支撑一个拱架

图4-25　后墙加支撑物

(图4-26)。为了顺利铺设后屋面，并防止拱架左右倾斜，在后屋面下方位置、拱架两弦之间，最好能穿插一条脊檩，并埋设一排立柱进行支撑。温室前沿挖沟，用于安放拱架，拱架下方要垫砖或石块，防止沉陷（图4-27)。但最好还是在温室前沿砌筑矮墙，将拱架前端插入其中，并倒入水泥砂浆浇筑，这样做更加坚固。

图4-26　紧贴后墙埋设一排立柱

图4-27　拱架下方垫砖

图4-28　拉筋

温室前屋面共有5 ～ 6个拉筋(图4-28)，将钢拱架连成一体，保证拱架在风、雪、雨等恶劣天气不致左右倾倒。拉筋焊接在拱架的下弦之上，便于覆盖薄膜后相邻拱架之间的压膜线能向下压紧薄膜。为确保坚固，还需在拱架侧面加拉筋固定拉杆，拉筋与拉杆呈三角形。另外，可在前屋面下临时设立木质支柱或水泥支柱。

钢筋拱架的温室有足够的强度承托卷帘机的重量，因此可安装卷帘机，如“爬山虎”式卷帘机、“一排柱”式卷帘机。

3. 其他主要推广类型

（1）土墙无柱桁架拱圆钢结构节能日光温室　跨度为7.5米，脊高3.5米，后屋面水平投影长度1.5米，后墙为土墙，高2.2米，基部厚度为3.0米，中部厚度为2.0米，顶部厚度为1.5米（图4-29）。

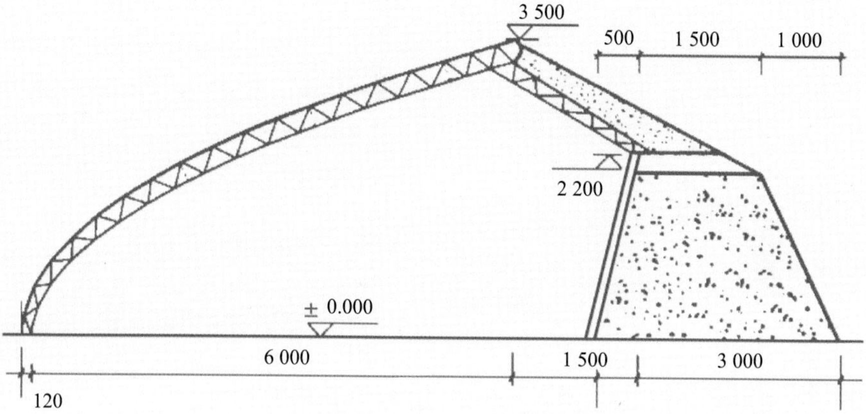

图4-29　土墙无柱桁架拱圆钢结构节能日光温室断面示意（单位：毫米）

（2）复合砖墙大跨度无柱桁架拱圆钢结构节能日光温室　跨度为12米，脊高5.5米，后屋面水平投影长度2.5米，后墙高3.2米，厚60厘米（48厘米砖墙＋12厘米厚聚苯板）。适合果菜类蔬菜长季节栽培、果树栽培及工厂化育苗，是目前工厂化育苗大力推广的日光温室类型（图4-30）。

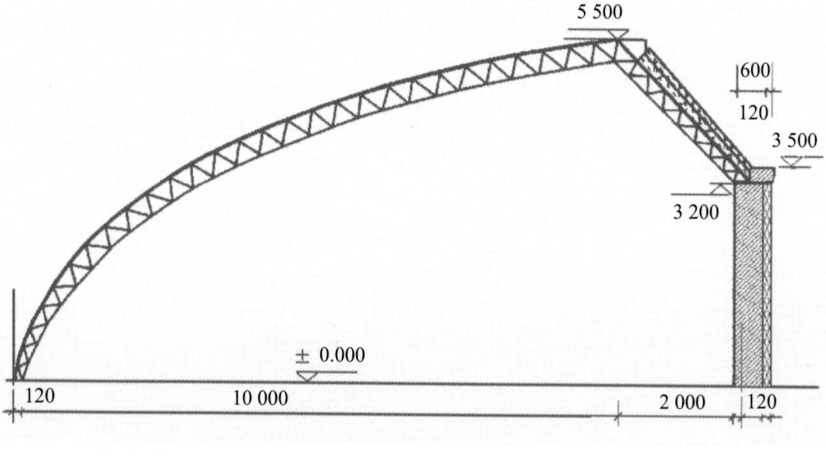

图4-30　复合砖墙大跨度无柱桁架拱圆钢结构节能日光温室示意（单位：毫米）

（3）新型土墙节能日光温室　它是一种土墙无柱桁架拱圆钢结构日光温室，跨度为8米，脊高4.5米，后屋面水平投影长度1.5米，后墙为3.0米高土墙，墙底厚度3.0米、墙顶厚度1.5米、平均厚度2.25米。该温室除墙体外，其他部分及温室性能与新型复合砖墙节能日光温室基本相同，是现阶段正大面积推广的日光温室类型（图4-31）。

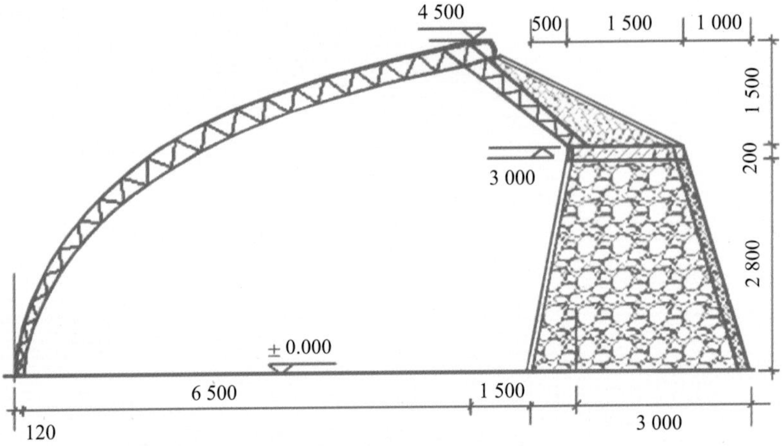

图4-31　新型土墙节能日光温室结构断面示意（单位：毫米）

五、高效栽培技术

（一）日光温室栽培

1. 日光温室冬春茬黄瓜栽培　日光温室冬春茬黄瓜栽培指秋末冬初在日光温室种植的黄瓜，又称为越冬茬或越冬一大茬。一般于10月中旬至11月上旬播种，苗龄35天左右，5月至7月上旬拉秧。初花期处在严寒冬季，翌年1月开始采收，采收期跨越冬、春、夏三季，采收期达150天以上。

（1）品种选择　选用的品种要具有较强的耐低温、弱光性能，同时还要求雌花节位低，节成性高，生长势旺盛，抗病，商品性好。

（2）育苗　通常采用营养钵育苗（图5-1）和穴盘育苗（图5-2），并对育苗设施进行消毒处理。

图5-1　营养钵育苗

图5-2　穴盘育苗

①营养土配制及消毒。黄瓜根系要求育苗床土（营养土）疏松透气。应选用无病、无虫源的园田土、腐熟农家肥、草炭、蛭石、草木灰、复合肥等，按一定比例配制营养土。配方一：蛭石50%、草炭50%。每立方米基质加三元复合肥1千克，加烘干消毒鸡粪5千克。配方二：肥沃园田土50%、腐熟马粪30%、腐熟厩肥20%。每立方米营养土加三元复合肥500克。育苗床土消毒方法：每平方米播种床用福尔马林30 ～ 50毫升，加水3升，喷洒床土，用塑料薄膜闷盖3天后揭膜，待气体散尽后播种；或用72.2%普力克水剂400倍液，或30%苗菌敌可湿性粉剂，每20克对水10千克随底水浇施床土；也可用50%多菌灵与50%福美双按1 ∶ 1混合，每平方米用药8 ～ 10克与15 ～ 30千克细土混合均匀撒在床面上。

温馨提示

农家肥应充分腐熟后才能使用，在沤制过程中必须多次进行翻动，忌用生粪。配制营养土前，大田土和有机肥要先过筛（图5-3）。

图5-3　大田土过筛

②装钵或装盘。育苗钵直径一般为10厘米左右，使用前要进行一次清选，剔除钵沿开裂或残破者。向钵内装营养土，注意不要装满，装至距离钵沿2～3厘米即可，以便将来浇水时能存贮一定水分。装钵后，将营养钵整齐地摆放在苗床内，相互挨紧，钵与钵之间不要留空隙，以防营养钵下面的土壤失水，导致钵内土壤失水。在苗床中间每隔一段距离留出一小块空地，摆放两块砖，这样播种时可以落脚，方便操作（图5-4）。

若采用穴盘育苗，则需要装盘，但要求用孔径大的穴盘（不能多于72孔），否则苗距过小，易徒长，难以育成壮苗。首先应该准备好基质，将配好的基质装在穴盘中，基质不能装得过满，装盘后各个格室应能清晰可见（图5-5）。

图5-4　摆　钵

图5-5　工厂化穴盘育苗

12

③种子处理。用50%多菌灵可湿性粉剂500倍液浸种1小时，或用福尔马林300倍液浸种1.5小时，捞出洗净催芽。种子处理最简便的方法是温汤浸种（图5-6），即将种子用55℃的温水浸种20分钟，不停地搅拌，待水温降至30℃时，继续浸种3小时，后用清水冲净黏液，捞出种子，用毛巾、纱布等包好，置于28～32℃的温度下催芽。

图5-6　温汤浸种

④播种。

接穗（黄瓜）播种：黄瓜种子催芽后，当胚根长出种皮1毫米左右时，选籽粒饱满、发芽整齐一致的种子及时播种。每平方米苗床再用50%多菌灵8克，拌上细土均匀薄撒于床面上防治猝倒病。育苗床面上覆盖地膜，待70%幼苗顶土时撤除床面覆盖地膜，防止烤苗。如用地床育苗，则需要进行分苗。分苗的适宜时期为播种后10 ～ 12天，2片子叶展开，第一片真叶显露时。分苗基质的配制比例和方法，可参考播种床基质的制作。

如用营养土方或育苗钵育苗，播种前一天浇透水，即对营养钵一个一个地浇水，浇水量要尽量均匀一致，这样可保证出苗整齐，幼苗生长也容易做到整齐一致，水渗下后，先不要播种，第二天上午再喷1次小水，确保营养土充分吸水，然后才能播种。在营养钵表面一侧斜插一个孔，左手拿一颗种子，胚根朝下（图5-7），把胚根插入孔中，种子平放，然后用筷子轻轻拨一下营养土，让插孔弥合；也可在土方或苗钵上平放种子，然后覆潮湿的营养土，形成2 ～ 4厘米厚、直径5厘米左右的小土堆。根据定植密度，1公顷栽培面积育苗用种量1.8 ～ 2.3千克，播种床的播种量25 ～ 30克/米^2。

图5-7　胚根朝下

穴盘育苗播种可分为机械播种和手工播种两种方式。机械播种又分为全自动机械播种和半自动机械播种。全自动机械播种的作业程序包括装盘、压穴、播种、覆盖和喷水，在播种之前先调试好机器，并且进行保养，使各个工序运转正常，1穴1粒的准确率达到95%以上就可以收到较好的播种质量。手工播种和半自动机械播种的区别在于播种时一种是手工点籽，另一种是机械播种，其他工作都是手工作业完成。将种子点在压好穴的盘中，或用半自动播种机播种（如果种子已经催出芽只能用手工播种），每穴1粒。播种后覆盖蛭石，浇一次透水。由于穴盘育苗大部分为干籽直播，因此，在冬春季播种后为了促进种子尽快萌发出苗，应在催芽室中进行催芽处理（图5-8）。

图5-8　穴盘点播器播种育苗

砧木（南瓜）播种：靠接法是黄瓜播种4 ～ 5天后，再播种南瓜，而插接法是先播种南瓜，黄瓜的播种日期比南瓜延后3 ～ 4天。利用黑籽南瓜作砧木时，因黑籽南瓜种子休眠期很长，当年新产的黑籽南瓜种子发芽率很低，常常不足50%，采用前 1 ～ 2年采收的黑籽南瓜种子播种，发芽率也只有 80%左右。为了提高种子的发芽率，可用 0.1%的双氧水浸种8 ～ 10小时晾干后播种。

温馨提示

营养钵育苗将黄瓜种子播在营养钵一侧而不是播在中间位置，目的是将中央位置预留出来，几天后播南瓜砧木种子，将来同一个营养钵中的南瓜砧木和黄瓜接穗进行靠接。与传统的靠接方法相比，这种方法简化了嫁接育苗步骤，嫁接后不用再移栽，提高了成活率，节约了育苗空间。

⑤嫁接。黄瓜嫁接育苗常用靠接法、插接法。

靠接法：嫁接前不需要浇水、施肥，只需控制好温度即可。当黄瓜第一片真叶半展开，南瓜在播种后7 ～ 10天，子叶完全展开，能看见真叶时，即可施行靠接（图5-9）。为防止嫁接苗萎蔫，促进嫁接苗成活，应在嫁接操作地块的温室前屋面上覆盖黑色遮阳网遮光，嫁接者通常采取坐在矮凳上操作，前面放一个约60厘米高的凳子作为操作台。嫁

图5-9　适宜嫁接的时期

接前期接穗和砧木均保留根系，所以容易成活，便于操作管理。嫁接时，用刀片削去砧木（南瓜）真叶，在子叶以下1厘米处向下斜切一刀，角度35°～45°，深度为茎粗的2/5～3/5（图5-10）；在接穗（黄瓜）幼苗子叶以下1.2～1.3厘米处以35°～45°向上斜切一刀，角度与砧木上的切口角度一致，长度与砧木切口基本一致（图5-11）。之后将砧木和接穗的舌形切口互相套插在一起，并用嫁接夹固定（图5-12和图5-13）。此时南瓜与黄瓜的子叶呈十字形。嫁接苗成活后，需对接穗及时断根，使其完全依靠砧木生长。断根时间一般在嫁接后10～12天。在接口下1厘米处用刀片或小剪刀将接穗下胚轴切断或剪断，往下0.5厘米处再剪一刀，使下胚轴留下空隙，避免自身愈合。也可剪断后将接穗的根拔除。断根后应适当提高温度、湿度和遮光，促伤口愈合，防止接穗萎蔫（图5-14至图5-16）。

图5-10　削砧木

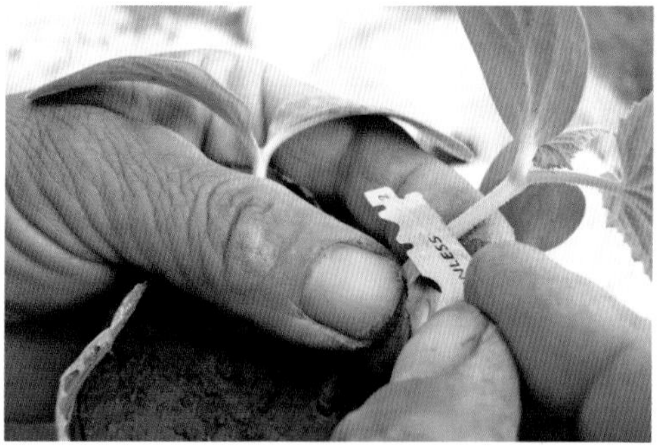
图5-11　削接穗

图5-12　砧木和接穗切口相互吻合

图5-13　用嫁接夹固定

图5-14　断根操作

图5-15　断根后的嫁接苗

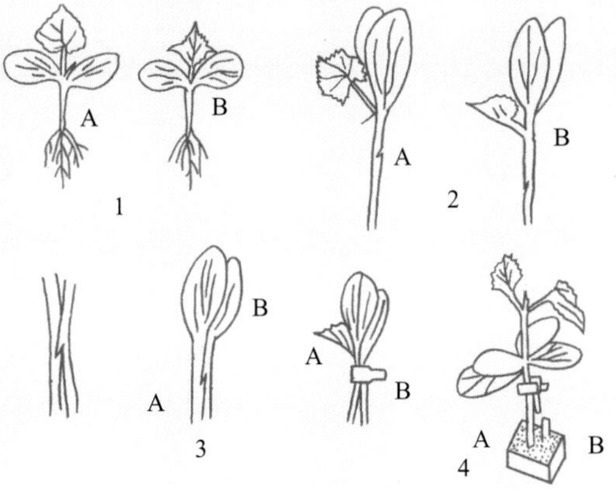

图5-16　靠接法流程示意
1、2、3、4.表示步骤　A.接穗　B.砧木

温馨提示

①注意靠接接口深度，砧木切口的深度应该达到胚轴直径的3/5。如果切口很浅，接口面积小，虽然缓苗快，萎蔫时间短，容易成活，但断根后，接口部位较细，输导组织不发达，会抑制植株的生长，将来结瓜也会不同程度减少。而砧木、接穗的切口都比较深时，嫁接后幼苗成活缓慢，有些甚至会有死亡的危险，但一旦成活，由于接口接触面积大，输导组织发达，定植后植株生长健壮，抗性强，结果多，产量高。②刀口与子叶方向要平行，嫁接速度要快，刀口要干净，接口处不能进水。③黄瓜幼苗的下胚轴对光照和温度比南瓜苗敏感，在高温和充足的光照环境下，下胚轴往往比南瓜的要长些，嫁接的位置要以上部适宜为准，过长的黄瓜胚轴可以让其弯曲一些，不要为了追求嫁接苗的直立状态而降低黄瓜幼苗的切口位置，因为接口与黄瓜真叶的距离过长会降低嫁接苗质量（图5-17）。

图5-17　黄瓜幼苗下胚轴偏长时的处理方法

插接法：南瓜苗在1叶1心期，黄瓜苗在子叶刚展平时为水平插接适期。一般是将砧木的生长点和真叶切去，用粗细与接穗相当的竹签，从一侧子叶节基部斜插0.6 ~ 0.7厘米深（图5-18），再将接穗苗下胚轴（子叶以下1.5 ~ 2.0厘米）削成楔形，随即拔出竹签，将接穗插入（插紧），并使接穗与砧木的子叶展开方向交叉呈十字形，不需用嫁接夹等固定（图5-19）。此法操作简便易行，接点距地面较高，接穗不易产生自生根（图5-20）。但要求砧木苗比接穗苗稍大一点，在常规浸种催芽条件下，砧木种子宜适当早播种5 ~ 7天。嫁接时还要避免接穗插入砧木下胚轴的髓腔中，否则接穗容易通过髓腔产生自生根而失去嫁接育苗的作用，同时还要注意去净砧木的生长点。

图5-18　砧木插入竹签

图5-19　插接好的幼苗

图5-20　插接法流程示意

嫁接后，平整苗床，把嫁接苗按15厘米间距摆放到苗床上。营养钵之间留出较大的空隙，以便于给嫁接苗的生长留出足够的空间，等嫁接苗长大后，就不用再拉大营养钵间距了。摆好嫁接苗后，立即顺苗床浇水，以满足嫁接苗生长对水分的需求，同时，地面的水分蒸发后，能大大提高空气湿度，有利于嫁接苗成活。浇水时不要让水溅到接口部位，否则很容易导致嫁接失败。

嫁接后的管理要点见表5-1。

表5-1　嫁接后的管理要点

时　间	管理要点
嫁接后当天	覆盖黑色遮阳网遮光，尽量减少通风，保持空气湿度在85%～95%
嫁接后2～3天	早晚揭除草帘或遮阳网接受较弱的散射光，中午前后仍应覆盖遮光，以后要逐渐增加见光时间
嫁接后3～5天	可进行通风。开始时通风口要小，以后逐渐增大，通风时间也应随之逐渐延长。应注意观察苗情，若发现萎蔫现象，应及时遮阴喷水，避免因通风过急或时间过长而造成损失
嫁接后7天	揭除草帘或遮阳网，不再遮光；砧木切除生长点后，会促进不定芽的萌发，而侧芽的萌发将与接穗争夺养分，并将直接影响到接穗的成活，应及时除去砧木子叶节所形成的不定芽，每2～3天进行一次
嫁接后9～10天	可进行大通风。应注意观察苗情，若发现萎蔫现象，应及时遮阴喷水，避免因通风过急或时间过长而造成损失

注：如果是采用靠接法嫁接的黄瓜，应该在嫁接成活后10～15天及时解除包扎物，并且从接口以下剪断接穗的茎，然后拔除，同时剪去砧木在接口以上的茎和枝叶。

在嫁接幼苗管理中要注意观察接穗成活后的生长情况，一株好的嫁接苗应当生长正常，叶色鲜绿、平展。发现上下部生长不协调而有萎蔫现象的苗要及时淘汰。黄瓜嫁接后35天左右，具有4叶1心时即要加强低温锻炼，准备定植。

（3）苗期管理

①温度管理。冬春茬黄瓜幼苗出土至第一片真叶平展，应适当提高白天温度，最高温度保证在25℃以上，尽量延长25℃以上的时间，最低气温在15℃左右。第二片真叶展平后，无论是白天还是夜间，温度要比子叶期下降。白天给予充足的光照；夜间控温，减少营养物质的消耗，才能有利于培育壮苗。育苗过程中常会遇到阴、雪天气，昼夜温度下降，甚至可能出现昼夜温度持平，在管理上应尽可能避免。此时的昼夜温差不应小于8～10℃，如果白天难以增温，可适当通过降低夜温来实现。温度管理可参照表5-2。

表5-2　苗期温度管理

时　期	白天适宜温度（℃）	夜间适宜温度（℃）	最低夜温（℃）
播种至出苗	25～30	16～18	15
出苗至分苗	20～25	14～16	12
分苗或嫁接后至缓苗	28～30	16～18	13
缓苗到定植前	25～28	14～16	13
定植前5～7天	20～25	13～15	10

②光照管理。冬春茬黄瓜栽培育苗期光照不足和光照时间短是影响育苗质量的限制因素之一，尤其以每天9:00～15:00的光照极为重要。在管理上要保持塑料薄膜的清洁，在外界温度许可的情况下，尽量早打开草苫，晚盖草苫，或采用反光幕或补光设施等增加光照强度，延长光照时间。

③肥水管理。这一茬黄瓜育苗期对水分的蒸发量小，因此浇水要适度。播种和分苗时底水要浇足，以后视育苗季节和墒情适当浇水，防止培养土过湿或干旱。一般选晴天进行喷水，每次喷水以喷透培养土为宜。在秧苗长至3～4片叶时，可根外追施0.2%～0.3%的尿素加磷酸二氢钾溶液。冬春茬栽培因生长期较短，不适宜采用大苗龄，一般以3叶1心、株高10～13厘米为宜，从播种到嫁接，经35天左右育成。

④其他。为抑制幼苗徒长，促进雌花形成，可在第二片真叶出现时喷施乙烯利，浓度为100微升/升。在第四片真叶展开时喷100～200微升/升的乙烯利。

（4）定植

在10厘米土温稳定通过12℃后定植，一般每公顷定植52 500 ～ 55 500株（图5-21至图5-26）。

16

①整地施基肥。定植前20 ～ 30天清理前茬残枝枯叶，深翻地30厘米。白天密闭温室提高温度至 45℃以上进行高温灭菌10 ～ 15天。目标产量为90 000千克/公顷时，推荐施肥总量为尿素39千克，过磷酸钙100千克，硫酸钾60千克。钾肥总量的75%和氮肥总量的30%用作基肥。每公顷施优质农家肥120 000千克以上。基肥铺施或开沟深施。农家肥中的养分含量不足时用化肥补充。温室土壤适宜肥力全氮0.10% ～ 0.13%，碱解氮200 ～ 300毫克/千克，磷（P_2O_5）140 ～ 210毫克/千克，钾（K_2O）190 ～ 290毫克/千克，有机质2.0% ～ 3.0%。

②温室消毒。温室在定植前要进行消毒，每公顷温室用80%敌敌畏乳油3.75千克拌上锯末，与30 ～ 45千克硫黄粉混合，分150处点燃熏蒸，密闭一昼夜，或采用电热自动恒温熏蒸器熏蒸，通风后无味时即可定植。

图5-21　做　畦

图5-22　覆　膜

图5-23　固定薄膜两侧

图5-24　膜下滴灌

图5-25　摆　苗

图5-26　定植的适宜深度

③做畦覆膜。一般采用小高畦栽培，小高畦宽70厘米、高10 ～ 13厘米，畦上铺设滴灌（管），覆盖地膜，畦间道沟宽60厘米，采用大小行栽培或在高畦上开沟，株距20 ～ 25厘米，覆盖地膜，进行膜下暗灌。

（5）定植后的管理

①温度管理。定植后的缓苗期为5 ～ 7天，这期间白天争取多蓄热，室内温度控制在28 ～ 30℃，夜间不低于10℃，10厘米地温为15℃以上。初花期以促进根系发育，控制地上部分生长为主，使植株生长健壮，促进雌花形成。缓苗期至结瓜期采用四段变温管理，这期间的地温保持15 ～ 25℃为宜。外界最低气温下降到12℃时，为夜间密封温室的临界温度指标；外界最低气温稳定在15℃时，为昼夜开放顶窗通风的温度管理指标。

表5–3　定植后温度管理

时间段	室温控制区间（℃）	目　的
8:00～14:00	25～30	促进光合作用，以形成更多的光合产物
14:00～17:00	20～25	抑制呼吸消耗
17:00～24:00	15～20	促进光合产物的运输
24:00至日出	10～15	抑制呼吸消耗

17

②光照管理。可采用透光性好的耐候功能膜做温室覆盖采光材料，同时在冬春季节始终保持膜面清洁。在日光温室后墙张挂反光幕，以增加室内北侧光照强度。白天只要温度许可，应提早揭开保温覆盖物，以延长光照时间。

③湿度管理。根据黄瓜不同生育阶段对湿度的要求和控制病害的需要，最佳空气相对湿度的调控指标是缓苗期为80% ~ 90%，开花结瓜期70% ~ 85%。可通过地面覆盖、滴灌或暗灌、通风排湿、温度调控等措施将湿度控制在最佳指标范围内。

④肥水管理。冬春茬黄瓜栽培，一般采用膜下滴灌或暗沟灌。定植后应及时浇足浇透水，3 ~ 5天后再浇1次缓苗水。缓苗后至根瓜采收期的水肥管理目的在促根控秧，土壤绝对含水量以20%为宜。根瓜坐住后，结束蹲苗，开始浇水追肥，整个盛果期一般每隔10 ~ 20天灌水1次，水量也不宜太大，否则会降低土壤温度和增加空气湿度。结果后期，外界气温已经升高，为防止早衰，应增加浇水次数，每5 ~ 10天浇水1次，土壤水分的绝对含量可提高到25%左右。追肥和灌水结合进行。第1次追肥在蹲苗结束时，即根瓜谢花开始膨大时。结瓜前期追肥1次，盛瓜期10 ~ 15天追施1次，整个生育期8 ~ 10次。每公顷追肥量为三元复合肥150 ~ 225千克，或磷酸二铵150 ~ 225千克，叶面追肥一般可喷施0.2% ~ 0.5%尿素和0.2%磷酸二氢钾。

18

19

⑤植株调整。定植缓苗后应及时搭架或吊线引蔓，温室冬春茬黄瓜通常不像露地黄瓜那样采用竹竿支架的架式，而是多采用吊架形式，用塑料绳或尼龙绳直接牵引瓜蔓，更先进和省力化的绑蔓措施是用绑蔓器绑缚。绑蔓和吊蔓时，注意摘除卷须（图5-27和图5-28）。以主蔓结瓜的品种在进入结瓜期后，要及时摘除侧蔓和卷须；对于主、侧蔓同时结瓜的品种，在侧蔓结瓜后，于瓜前留1片叶摘心。冬春茬黄瓜植株生长势一般较弱，其生长点不宜

20

图5-27　吊线引蔓

图5-28　摘除卷须

摘除，可保持较强的顶端优势持续结瓜。当植株生长接近温室屋面时，要往下落蔓50厘米左右，并摘除下部老叶。落下的茎蔓沿畦方向分别平卧在畦的两边，同一畦的两行植株卧向应相反。

吊线引蔓的小窍门

温室冬春茬黄瓜在缓苗后的蹲苗期间应及时吊线引蔓，在每条黄瓜栽培行的上方沿行向拉一道钢丝，钢丝不易生锈，而且有自然的螺旋，可防止吊绳滑动。钢丝上绑尼龙线，每棵黄瓜对应一根。尼龙线的下端固定，最好是在贴近栽培行地面的位置沿行向再拉一道尼龙线，与栽培行等长，尼龙线两端绑在木橛上，插入地下，每个吊线都绑在这条贴近地面的拉线上。用手绕黄瓜茎蔓，使之顺吊线攀缘而上，所有植株缠绕方向应一致。以后每隔几天要绕蔓一次，否则“龙头”会下垂。黄瓜植株生长速度快，生长点很容易到达吊绳上端，为能连续结瓜，应进行摘叶后落蔓。落蔓时，先将绑在植株基部的吊线解开，一手捏住黄瓜的茎蔓，另一只手从植株顶端位置向上拉吊线，让摘除了叶片的下部茎蔓盘绕在地面上，然后再把吊线下端绑在原来的位置，这样，植株的生长点位置就降了下来，黄瓜就又有了生长的空间。也就是说，要向上拉线，而不是向下拉蔓。对于黄瓜落蔓，以整个植株地上部分保留16～17片叶最为适宜，多于这一数量就应摘叶落蔓。落蔓后，植株下部没有叶片的茎盘曲在地面上，对这一段茎也要进行保护，灰霉病、蔓枯病的病菌很容易从叶柄基部（节）的位置侵染，因此在喷药时同样也要喷，如果发现节部染病，可以用毛笔蘸浓药水涂抹（图5-29至图5-32）。

图5-29　吊架北端的固定方法

图5-30　吊线下端绑在地面上

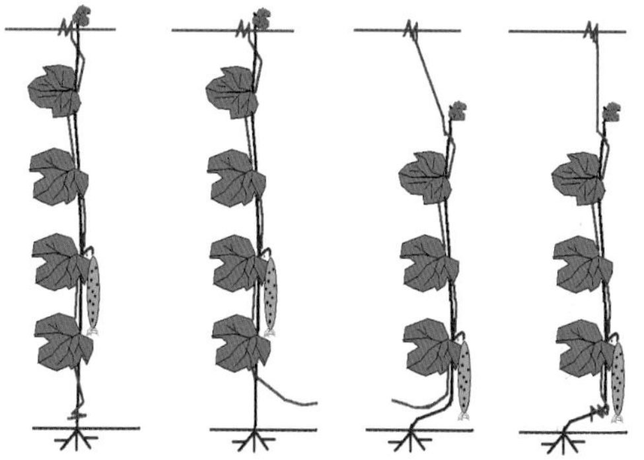

图5-31　落蔓步骤

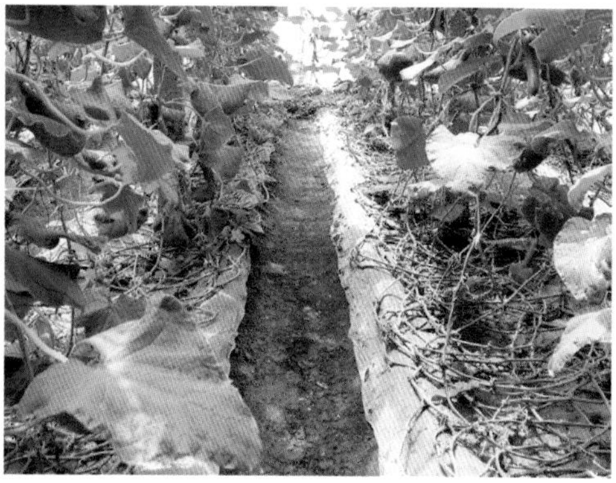

图5-32　落蔓后的状态

⑥补充二氧化碳。最简单的方式是通风换气，日光温室黄瓜补充二氧化碳的时间一般从黄瓜开花时开始，一天当中的施用时间是从早晨揭苫后半小时开始施放，封闭温室2小时左右，至通风前30分钟停止施放。一般使温室内二氧化碳的浓度保持在800 ～ 1 200微升/升。阴天不施放。有条件的可以使用吊挂式二氧化碳气体发生剂。

⑦异常天气条件下的管理。在北方冬春季节，温室生产常会遇到寒流或连续阴、雪（雨）天气，给日光温室冬春季黄瓜生产带来威胁。

当室温低于黄瓜所能忍受的极限时，就要覆盖草苫（图5-33）。可在草苫上、下各覆盖一层整块的塑料薄膜。这样不仅可以避免草苫被水浸湿，保证草苫干燥，在下雪时还方便清理，而且可以明显提高温室温度。通常，增加一层塑料薄膜至少可以提高气温1 ～ 2℃，覆盖2层可以增温2 ～ 3℃。有条件的可使用加温装置（图5-34）。

图5-33　覆盖草苫

图5-34　加温装置

如果下雪，要及时扫雪，否则温室薄膜上的积雪易大量地吸收薄膜传出的热量（图5-35）。对于白天覆盖草苫的温室，也要及时把草苫上的积雪清除干净，否则会大量吸收温室热量。不能等到雪停后再清除，而应随降雪随清除。如果不能及时清除积雪，天晴后或降雪时气温较高，草苫上的雪会迅速融化，浸湿草苫，草苫吸水后会变得很重，要将其卷起来将十分困难，即使使用卷帘机也是如此。

图5-35　清扫积雪

连续5 ～ 7天的阴雪寒冷天气骤然转晴后，切勿把草苫等不透光保温物全部揭开，否则植株易萎蔫，要采取揭“花苫”即间隔揭苫的措施，使用卷帘机者可以将草苫卷起一半，半小时后再缓慢将草苫卷至温室顶部。也可采用“回苫”的管理方法，即从温室一端逐个揭开草苫，整个温室的草苫揭开后（图5-36），操作者再回到起始位置，逐个放下草苫。

图5-36　揭开草苫

（6）采收　根瓜应及早采收，防止坠秧。在结瓜前期，瓜条生长速度快，每隔1～2天采收1次，有时甚至每天采收1次。后期瓜条生长速度变慢，同时市场黄瓜也已短缺，在不影响质量的情况下，可尽量延迟采收，以增加收益。采收结束后，及时拔除茎蔓、杂草，清洁温室环境，并进行消毒处理，准备种植下茬蔬菜。如将秋冬茬黄瓜栽培的播种期提前到7月中旬，8月定植，8月下旬开始收获，延缓拉秧至翌年7月，即成为生长期为1年的一大茬栽培，黄瓜产量每公顷可达30万千克左右。

2. 日光温室秋冬茬黄瓜栽培　日光温室秋冬茬黄瓜栽培是以深秋和冬初供应市场为主要目标，既要避开塑料大棚秋黄瓜产量高峰期，又是衔接日光温室冬春茬黄瓜的茬口安排。具体的播种期为9月中旬前后，10月中旬定植，11月中旬始收，翌年1月中下旬结束生产。

（1）品种选择　秋冬茬栽培应选择既耐高温又耐低温、生长势强、抗病、高产、品质好的品种。

（2）育苗　秋冬茬黄瓜幼苗期正处在高温季节，容易造成幼苗细弱，同时要定植在温室中，所以不宜在露地育苗。可在育苗钵、营养土方中直播，也可播于播种床，在子叶期移栽。具体方法同冬春茬。

（3）苗期管理　在出苗或子叶期移栽后，应保持土壤见干见湿，浇水宜在早晨或傍晚时进行，主要为湿润土壤和降低土温。为抑制幼苗徒长，促进雌花形成，可在第二片真叶出现时喷施乙烯利，浓度为100微克/升。

（4）定植及定植后的管理　播种后10天左右、幼苗长至3片真叶时为定植适期。定植前施优质有机肥每公顷75 000～90 000千克做基肥，做成50厘米小行、80厘米大行的垄（图5-37），或1.3米宽的畦。垄栽的在垄台上开沟，畦栽的在畦面上按50厘米间距开两条沟，每公顷栽苗41 000～45 000株。

图5-37　起垄做畦

①温度管理。秋冬茬黄瓜的定植期温度较高，光照较强，因此此期间的温度管理应以通风降温为中心。温室需昼夜通风。进入10月后，外界气温逐渐下降，当外界最低气温降到12℃时，夜间就必须关闭通风口，白天通风，保持白天25 ~ 35℃，夜间13 ~ 15℃。进入严冬季节，应加强保温，有条件的可加盖纸被或采用双层覆盖。

②肥水管理。这一茬黄瓜在定植后也应进行蹲苗，以促进根系发育，适当控制地上部分生长。在根瓜开始膨大时，开始追肥灌水，每公顷追施尿素150 ~ 225千克，追肥后灌大水，并加强通风。结果期温室白天温度仍然较高、光照较强，所以灌水宜勤，以土壤见干见湿为原则。灌水在早晨或傍晚时进行。随着气温逐渐下降，光照减弱，应逐渐减少灌水次数，遇阴雨天气不宜浇水。结果盛期再追肥2次，每次每公顷施硝酸铵300 ~ 450千克。结果后期不再追肥，土壤不旱就不浇水。

③植株调整。秋冬茬黄瓜的整枝，摘除病、老、黄叶及畸形瓜的要求与冬春茬相同。但因其生长期较短，可在茎蔓长到25节时摘心。如植株生长健壮，温光及水肥条件较好，则可通过促进回头瓜的生长发育来增加产量。

（5）采收　根瓜应及早采收，防止坠秧。在结瓜前期，瓜条生长速度快，每隔1 ~ 2天采收1次，有时甚至每天采收1次。后期瓜条生长速度变慢，同时市场黄瓜也已短缺，在不影响质量的情况下，可尽量延迟采收，以增加收益。

3. 日光温室春茬黄瓜栽培　日光温室春茬栽培是传统的栽培方式，其上茬可以栽种芹菜、韭菜及其他绿叶菜或生产秋冬茬番茄。在北纬41°以北地区有辅助加温设备的日光温室早春茬黄瓜栽培比较普遍。春茬栽培适宜的品种、浸种催芽的方法、播种和育苗方法、苗期管理、定植及定植后管理等与冬春茬相比有许多共同之处，也有其不同点。

（1）播种期与定植期　播种期一般在11月中下旬至12月上中旬，具体的播种期应根据当地气候条件和前茬作物的倒茬时间来确定。定植期在1月中旬至2月初，而拉秧时间和冬春茬相差不多，或略早一些。因此，如何提早采收，延长采收期，便成为春茬黄瓜栽培的关键。其措施之一是培育大龄壮苗。适宜的苗龄指标为：5 ~ 6片真叶，16 ~ 20厘米高，45 ~ 50天育成。

（2）苗期管理　育苗期的管理，以防止徒长、促使雌花早分化、节位低、数量多、提高抗逆性为目标。所以在管理上要既不过于控制水分，也不浇水过多，即采取控温不控水的方法培育壮苗。在苗期管理上要随着苗子生长，逐渐加大苗间距，使黄瓜苗全株见光。同时按大、小苗分类摆放，把较大的苗子放在温室温度较低的位置，把较小的苗子放在温度较高的位置，适当浇些水，促使加快生长，使育出的苗大、小基本一致。

（3）定植后管理　在定植后的缓苗期密闭温室保温，遇到寒流可在温室内加盖塑料小棚，白天揭开薄膜使幼苗见光，夜间覆盖薄膜保温。缓苗后进行变温管理，方法与冬春茬相同。从初花期到结瓜盛期约90天，外界温度开始升高，光照强度增加，可于根瓜开始膨大时追肥灌水。但是此期间常有寒流袭击，所以这一次灌水应选择寒流刚过、晴好天气刚刚开始时灌水，水量不要太大。追肥量每公顷施硝酸铵225 ~ 300千克。在春茬黄瓜生长的中、后期应随着外界温度的升高，逐渐加大通风管理，室外的草苫由早揭晚盖，到最后全部撤除草苫。雨天要关闭通风口，防止雨水侵入。当外界温度不低于15℃时，可揭开薄膜昼夜通风。茎蔓长到25节后摘心。生长后期除了加强水肥管理外，还应注意加强对病虫害的防治。追肥以钾肥为主，每公顷追施硫酸钾150 ~ 225千克。

（二）塑料大棚黄瓜栽培

塑料大棚黄瓜栽培的基本茬口有春季早熟栽培和秋季延后栽培。高寒地区因夏季不太炎热，黄瓜可在棚中顺利越夏，进行从春早熟到秋延后的一茬栽培。

1. 春季早熟栽培

（1）品种选择　要求品种早熟、丰产、抗病，多在主蔓4 ~ 6节着生第一雌花，雌花数量适中，单性结实率高。株型紧凑，侧枝不宜过多，叶片较小适于密植。耐寒、耐弱光，对霜霉病、白粉病、疫病、枯萎病、细菌性角斑病等有较强的抗性。近年来市场对鲜食用的小果型黄瓜需求量增加，也适合大棚春早熟栽培。

（2）育苗　一般苗龄40~50天，穴盘育苗则为30天。应根据各地气候条件确定适宜定植期（表5-4），并推算出播种期。

表5-4　各地区适宜定植时期

地　　区	定植时期
东北、西北、华北北部高寒地区	4月下旬
华北平原、辽东半岛、中原地区北部	3月下旬至4月上旬
华中地区	3月上中旬
长江流域的江苏、浙江等地区	3月中下旬

育苗方法与日光温室冬春茬黄瓜栽培相似，但以下问题需注意：

①塑料大棚春黄瓜栽培密度为每公顷50 000 ～ 60 000株，以此推算苗床播种面积约为600米^2，用种量为1.5 ～ 2.25千克。

②选择饱满种子，用55℃温水浸种15 ～ 20分钟，转入28 ～ 30℃水中继续浸种8 ～ 10小时，捞出后可用40%甲醛溶液浸泡种子10 ～ 20分钟，或用50%多菌灵600倍液浸种30分钟，洗净后置28 ～ 30℃条件下催芽，约24小时后，70%以上种子的芽（胚根）长1毫米时即可播种。

③选择晴天上午播种为好，每个育苗钵或营养土方播1粒种子，播种深度1厘米左右，不可太深。播后覆土（或细沙）1 ～ 1.5厘米。为保湿苗床上也可加盖地膜，但出苗后需及时揭开薄膜。

（3）苗期管理　春季早熟栽培黄瓜苗期管理要点见表5-5。

表5-5　苗期管理要点

时　期	温度管理	水分管理	光照管理
幼苗出土后	前半夜维持16～17℃，后半夜降到10～12℃，凌晨前再下降1～2℃，使夜间平均气温经常保持比土壤温度约低3℃的水平，而白天最高温度不宜超过35℃，通过加大昼夜温差可以防止徒长	苗期土壤水分含量不能过大，以25%～28%为宜	有条件的在苗期进行人工补光是培育壮苗和早熟丰产的有效措施
第二片真叶展开以后	掌握的温度指标和前一阶段基本相同，也必须采取适当加大昼夜温差的变温管理方法		
第三片真叶展平后	分苗后3～5天缓苗过程，温度可略有提高以促进根系生长，此后随着天气的逐渐转暖而逐步加大通风和延长光照时间并降低气温		
定植前7～10天	进行低温锻炼		

(4) 定植　在定植前必须把施基肥、翻耕整地、做畦或起垄和覆盖地膜等准备工作做好，使土壤温度尽早回升，待10厘米地温不低于12℃，气温不低于5 ~ 7℃并能稳定3 ~ 5天，方可定植。选晴天的9:00 ~ 15:00定植，此时地温、气温较高，有利缓苗。定植深度以苗坨和畦面相平为准，不能太浅（图5-38）。定植水不要太大，以免降低土壤温度。

图5-38　定植太浅

(5) 定植后的管理

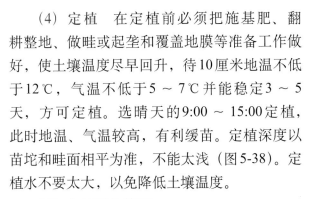

①缓苗期。缓苗阶段的管理要点是提高气温和地温，促进根系生长和缓苗。可进行多重覆盖，如覆盖地膜、保温幕、扣盖小拱棚（图5-39）、棚侧设置围裙或采取临时加温措施。缓苗后大棚内白天保持在25 ~ 30℃，夜间10 ~ 15℃，下午25℃关闭通风口。苗期要控制浇水，可中耕松土，促根壮秧。

图5-39　扣盖小拱棚

②结瓜期。从根瓜坐住到采收，在管理上要注意夜间防寒，同时加强大棚通风管理，调节温、湿度。结瓜期白天气温保持在25 ~ 30℃，最高32℃，夜间最低10℃。白天棚温达到30℃时开始通风，下午降至26℃时关闭通风口，以贮存热量，使前半夜气温能维持在15℃左右，后半夜不低于10℃。春季早熟栽培，在定植初期土壤温度是影响根系发育和早期产量的关键。塑料大棚内空气相对湿度很高，应注意降低过高的空气湿度。

肥、水管理：黄瓜容易吸收钙、镁等离子，而对钾离子吸收少。根据以上生理特点，大棚黄瓜的肥、水管理应强调施基肥。基肥施用量多以每公顷75吨为基准，基肥种类应以粗质有机肥为主。定植当时必须适量浇水，防止地温下降，以后灌一次缓苗水。缓苗以后到采收之前是水分管理的关键时期，土壤含水量会影响黄瓜的雌雄花数，进而影响产量。进入采收期后，视灌水的方式：一般沟灌每公顷每次灌水量为225 ~ 300米^3，滴灌每公顷每次120 ~ 150米^3（图5-40）。当土壤含水量22%左右或土面见干时即可灌水。

图5-40 滴 灌

（6）**植株调整** 应在及时绑蔓（或绕茎）的基础上，根据品种的结果习性进行植物调整。主蔓结瓜为主的品种侧蔓很少，主蔓要在第二十节以上进行摘心。若黄瓜品种的生长势强，侧蔓多，则根瓜以下的侧蔓要一律摘除，根瓜以上的侧蔓，在第一雌花前面留1～2片叶及时摘心。黄瓜的卷须也应及时摘除，以节约养分。此外，当植株生长至屋面时要往下落蔓约0.5米。

（7）**采收** 果实的采收标准常因品种特性、消费习惯和生长阶段的不同而有所差异。生长异常的畸形幼果应尽早摘除，采收初期宜收嫩瓜，防止“坠秧”而影响到总产量。采收盛期植株长势旺盛，果实可以长至商品成熟期再收，以增加产量。“迷你”型小黄瓜，多为主侧蔓同时结瓜，除基部侧枝可少量摘除外，其余侧枝应保留，否则会影响总产量。

2. 秋延后栽培

（1）**品种选择** 大棚黄瓜秋延后栽培的气候特点是前期高温多雨，后期低温寒冷，所以不必强调早期产量，关键是要求选用抗病、丰产、生长势强，而且苗期比较耐热的品种。切忌用春黄瓜品种进行秋延后栽培。

（2）**育苗技术**

①播种期的确定。一般华北地区的播种适期为7月下旬至8月上旬，南方

的适宜播期为8月下旬至9月上旬，而高寒地区则宜在6月下旬至7月上旬，或将春茬延续生长到秋季，一茬到底。

②播种方式。秋延后黄瓜一般采用直播，但直播时由于苗子分散，不便集中护理，为了节约种子，便于管理，建议采用育苗移栽。

多数地方是采取扣棚后直播，扣棚也只覆盖棚顶部分，主要起到防雨和遮阴的作用，四周必须敞开保持良好的通风条件。如果使用的是新的普通农膜，则可以在经过20 ~ 30天的曝晒之后，将薄膜翻转过来再固定，这样就可以获得比无滴膜还好的无滴效果。敞棚直播的播后需要在播种穴上收起土堆，在播种沟上扶成鱼脊背形，以保墒防雨拍。待播后3 ~ 4天小苗拱土时再刮去土堆和鱼脊背。穴播时每穴分散着点播2 ~ 3粒种子，沟播时按粒距7 ~ 8厘米均匀撒播。直播的分2次进行间定苗，第一次在2片子叶展平时，首先剔除病、弱、残苗。结合间苗进行查补苗，补苗时要起大坨，浇大水，确保成活。第二次在4叶期，去弱留壮。条播的25厘米左右选留1株，穴播的每穴留1株，其余掐除。

如采用育苗移栽，则育苗畦要选择地势高、排水好的地块，并要搭阴棚降温、防雨。苗龄为20天左右、具1叶1心时即可定植，可参考日光温室冬春茬黄瓜栽培育苗。

（3）定植前的准备和定植　在大棚的前茬作物拉秧后，及时清除残茬和整地施肥（图5-41）。如果前作施肥较多，这茬可每667米^{2}再施优质有机肥2 000 ~ 3 000千克，过磷酸钙50千克，硫酸钾15千克。前作肥料不足时，每667米^{2}则要施用优质农家肥4 000 ~ 5 000千克，过磷酸钙75千克，硫酸钾20 ~ 25千克，饼肥100 ~ 150千克。耕翻耙耢后，做高畦或起垄栽培，以有利于排水保苗。一般掌握大行距70 ~ 80厘米，小行距50 ~ 60厘米。做高畦时，畦高20 ~ 30厘米（南方可高），畦面宽80厘米，畦间沟上口宽30厘米。在畦上相距60厘米栽2行，便形成了70厘米 × 60厘米大小行的种植格局。

秋延后大棚黄瓜因前期环境条件有利于黄瓜的营养生长，若密度较高，进入冬季后会因枝叶茂盛而致叶片互相遮阴，使叶层间光照条件变劣，群体光合效率下降，造成大量化瓜（图5-42），产量下降。所以栽植密度可比春茬黄瓜稀一些，对提高群体产量有利。

（4）乙烯利处理　一般在2叶期用乙烯利处理一次即可，在晴天16:00以后，将配制好的药液均匀喷施在全株叶片及生长点，力求雾粒细微，以便使第一雌花着生在主茎第7 ~ 8节位，这样可以有充足的时间长茎叶，为争取后期

图5-41　整地施肥

图5-42　化　瓜

产量奠定基础。同样，如果发现所用品种雌花出现节位低，数量多，就要及早将7～8节以下瓜纽全数摘除，否则就要出现植株生长不整齐，结瓜畸形的问题。如果已经出现这种情况，唯一的办法就是摘除所有大小瓜纽，肥水猛攻促进茎叶加快生长，促使植株转入正常。

（5）温、湿度调节　北方地区8月初至9月中旬气温较高，要求除棚顶外四周敞开通风并应遮阳降温。9月中旬前后，当外界夜间气温降至15℃左右时，要及时关闭风口。9月下旬至10月中旬是秋大棚黄瓜生育旺盛的阶段。这一个月的时间棚内外温度适中，符合黄瓜的生育要求，是形成产量的关键时期。在这一阶段，白天棚温调节在25～30℃，夜间15～18℃，只要不低于15℃，通风口就不要关严。这一阶段的管理既要注意白天的通风换气，降低空气湿度、防病害，又要注意夜间的防寒保温。10月中旬以后到拉秧气温下降快，黄瓜生长速度减慢，收瓜量减少。这一阶段的温、湿度调节，应着眼于严密防寒保温，尽可能地延长瓜秧的生育期，防止瓜秧受冻害，并利用中午气温较高时，进行通风换气，尽可能使棚内相对湿度降至85%以下。

（6）水、肥管理　直播苗播后3～5天幼苗开始出土，一般应顺沟浇大水，降低地温，控制秧苗徒长。育苗移栽时必须在浇好稳苗水和定植水的基础上，在随后的4～5天里接连浇2水，其作用首先是降低地温，其次是满足秧苗对水分的需要。如果错过了这两次浇水的机会，造成秧苗损伤，以后挽救很难成功。注意小水勤浇，如果发现叶黄苗弱，则应结合浇水冲施速效氮肥或氮磷钾复合肥。敞棚直播或定植的，要及时排除田间积水，同时做到雨后立即喷洒防治黄瓜霜霉病的药剂，并搞好雨后中耕松土。插架后适当控制浇水。

定植后30～60天是这茬黄瓜旺盛生长期和结瓜盛期，浇水追肥必须跟上，一般4～5天浇1水，1次清水1次水冲肥。追肥多以氮素化肥为主，每667米^{2}每次施用尿素15～20千克。以后浇水追肥间隔期可适当延长。为了在有限的结瓜期每7天左右喷洒1次尿素+磷酸二氢钾混合液，加入植物光合促进剂和光呼吸抑制剂。

棚内日均温15～18℃时进入低温期，追肥浇水也要随着天气的变冷，棚内温度的降低而减少。浇水的间隔期可以逐渐延长到8～10天，追肥也应使用硝酸盐肥料。后期一般不再浇水，否则会加速植株早衰。但要继续搞好叶面追肥，喷洒天达2116、植物抗寒剂、青霉素等，提高植株抗寒能力和抗逆性。同时将下部黄老病叶摘除，以减少养分消耗，增加植株下部的通风透光，减少病害发生。

（7）**植株调整** 结合绑蔓（图5-43）摘除雄花和主茎80厘米以下的侧枝。主蔓长有22节约高170厘米，就将主茎摘心，以促进侧枝发生。从腰瓜以上的叶节中选留3～4个侧枝，每侧枝留1瓜，瓜前留1～2叶摘心。

图5-43 机器绑蔓

（8）**收获** 秋大棚黄瓜从播种到始收一般只需40～45天，秋大棚黄瓜开始采收时，露地黄瓜也还在生长，为了排开上市，提高经济效益，可将产品收获后进行短期贮藏，陆续投放市场。秋大棚黄瓜生育期短，第一条瓜不宜采收过迟，否则会影响第二条瓜及侧蔓瓜的发育，增加化瓜率。棚内最低温度降到5～8℃，就要将商品瓜全部采下，以防发生冻害。

（三）露地栽培

1. 春露地栽培技术

（1）**品种选择** 应选择耐寒、早熟、商品性状好、丰产、抗病性强的品种。

（2）**育苗方法** 现多采用改良阳畦进行育苗。华南地区则用塑料小拱棚或露地育苗。在这些设施中，可采用冷床育苗、温床育苗、营养基质育苗等方法。具体方法参照日光温室冬春茬黄瓜栽培。

（3）种子处理　采用温汤浸种法对种子表面进行消毒处理。将干种子放入55 ～ 70℃的温水中处理10分钟，使温度降至28 ～ 30℃时，浸种4 ～ 6小时，淘洗干净后催芽。也可用0.1%的多菌灵盐酸液浸种1小时，用温水冲洗后再用清水浸种4小时，而后催芽。适宜的催芽温度为27 ～ 30℃，经24小时后开始出芽。当大部分种子露出根尖时，维持在22 ～ 26℃，经2天左右可出齐，待晴天时播种。

（4）播种　春黄瓜的适宜播种期一般在当地适宜定植期前35 ～ 40天（表5-6），每公顷播种量一般为2 ～ 3千克。在育苗床上扣好塑料薄膜拱棚，封严，并于夜间加盖草苫保温。出苗期白天温度25 ～ 30℃，夜间保持18 ～ 20℃。

表5–6　各地春露地黄瓜栽培时期

代表地区	播种期	定植期	收获期
拉萨	5月上旬	6月中旬	7月上中旬
西宁	5月初	6月上旬	7月上旬
呼和浩特、哈尔滨	4月中下旬	5月底	6月中下旬
乌鲁木齐、长春	4月中下旬	5月中旬	6月中下旬
沈阳、兰州、银川、太原	3月底至4月初	5月中旬	6月上中旬
北京、天津、石家庄、西安	3月中旬	4月下旬	5月中下旬
昆明、郑州、济南	3月上旬	4月中旬	5月上旬
上海、南京、合肥	2月下旬至3月上旬	4月上中旬	4月中下旬
武汉、杭州	2月中下旬	3月下旬	4月中旬
长沙、成都、贵阳	2月上中旬	3月中旬	4月上中旬
南昌	1月下旬至2月上旬	3月上旬	3月下旬至4月上旬
福州	1月上中旬	2月中旬	3月上中旬
广州、南宁	12月下旬至翌年1月上旬	2月上旬	3月上旬

（5）苗期管理　黄瓜苗期温度管理指标见表5-7。

表5-7　黄瓜苗期温度管理指标

生长时期	管理目标	温度指标（昼/夜）（℃）
播种至子叶展开	促进出苗快，出齐苗	（28～30）/（17～20）
子叶展开至真叶显露	子叶充分展开，防止高脚苗和苗期病害发生	（20～22）/（12～15）
真叶显露至定植前7～10天	达到壮苗标准，促进雌花分化，防止徒长	（22～25）/（13～17）
定植前7～10天	增强幼苗适应性，提高抗风险能力	（15～20）/（8～10）

（6）定植

①准备。黄瓜忌连作，应选择疏松、肥沃、排灌水便利、最好是3年未种过瓜类作物的地块种植。冬闲地应于入冬前先行冬耕与晒垡，翌年土壤化冻后，铺施腐熟优质有机肥75 000千克/公顷、磷酸二氢铵750千克/公顷后再行春耕。一般北方地区降雨少，多做平畦便于浇水，畦宽1.2 ～ 1.5米；南方地区降雨多，多做高畦便于排水，畦宽1.5米，沟深25厘米。东北地区多以垄作为主。地膜覆盖栽培时通常采用高畦或垄作形式，有利于保墒，提高地温，对促进根系生长，提早采收有利。在定植前，每公顷增施饼肥1 500 ～ 2 250千克、复合肥450 ～ 600千克或过磷酸钙375 ～ 450千克。

②定植期。宜在当地终霜期后，10厘米处土壤温度稳定在12℃以上，夜间最低气温稳定在5 ～ 8℃时才能定植。

③定植密度。北方地区由于春季光照充足、通风良好，适当增加密度有利于实现增产、增效，一般株行距为（25 ～ 30）厘米×（65 ～ 75）厘米，每公顷栽植45 000 ～ 60 000株。长江中下游地区阴雨天较多，定植不宜过密，一般株行距为（16 ～ 33）厘米×（70 ～ 100）厘米，每公顷为40 000 ～ 50 000株。此外，主蔓结瓜品种密些，主侧蔓结瓜品种稀些；小架栽培密些，爬地栽培稀些。爬地栽培的行距1.3 ～ 2.0米，株距16厘米左右，每公顷栽植30 000 ～ 45 000株。

④定植方法。定植时宜选择晴好天气，定植深度以土坨与畦面相平即可。定植方法有开沟栽和穴栽。春黄瓜露地栽培采用塑料薄膜地面覆盖有利于其早熟高产（图5-44）。在黄瓜定植前或定植后覆盖好无色透明薄膜，最好采用高畦或垄作更能发挥薄膜效果。

图5-44　塑料薄膜地面覆盖

（7）水肥管理　春黄瓜定植后缓苗期5天左右，其间平畦栽培而土壤干旱时应浇缓苗水，然后封沟平畦，中耕保墒，以促根蹲苗。到收获根瓜前后，一般中耕2 ～ 3次。高畦栽培而降雨量大时，缓苗后应尽量排水，防止畦面和畦沟积水。到收获根瓜前后，开始追肥灌水，以促蔓叶与花果的生长，保持蔓叶、根系的更新复壮。第一次追肥应以迟效优质肥料为主，每公顷施饼肥、粪肥等1 500 ～ 3 000千克，其他按有效成分适量施用，过磷酸钙每公顷150 ～ 225千克。追肥以速效肥为主，化肥与农家有机液肥应间隔施用。北方通常15天追肥1次，5 ～ 7天灌1次水，南方通常3 ～ 5天追1次液肥。每公顷追肥量约为农家有机液肥37 500 ～ 45 000千克，复合肥375 ～ 450千克，过磷酸钙225千克。基本上相当于每公顷产75 000千克黄瓜的三要素吸收量。每公顷每茬春黄瓜的总灌溉量3 000 ～ 4 500米^3。

27

（8）支架与整枝　黄瓜以搭架栽培为主（图5-45）。大架高1.7 ～ 2.0米，小架高0.7 ～ 1.0米，一般采用人字花格架，于蔓长0.3米左右时引蔓上架，然后每3 ～ 4节绑一次蔓，同时打杈，摘除卷须，满架后摘顶。为防止养分分散，促进主蔓生长，应将根瓜以下的侧枝及时摘除。根瓜

图5-45　搭　架

以上叶节处所形成的侧枝，可在瓜后留2片叶摘心，以增加结果数，提高产量。当植株发育到中后期时，及时摘除基部老叶、病叶。

（9）采收　从定植到开始采收，一般早熟品种需18 ～ 25天，中晚熟品种需30天左右。一般根瓜应适当早采，以防坠秧；中部瓜条应在符合市场消费要求的前提下适当晚采，通过提高单瓜重来提高总产量；上部所结的瓜条也应当早采，以防止植株早衰。结瓜初期2 ～ 3天采收1次，结瓜盛期可以每天采摘。畸形瓜要及时摘除，以集中养分供正常瓜的生长。商品瓜宜在早晨采收，以保持鲜嫩。

2. 夏秋季露地栽培

（1）品种选择　选择适应性强，抗病性和耐热性强，在长日照条件下易于形成雌花的中晚熟品种。

（2）栽培季节　夏秋黄瓜的播种期范围较广，栽培季节因地区而异。一般是在当地晚霜过后露地直播或做畦养苗，育苗时日历苗龄30天左右。晚霜后1个月左右定植，定植25天左右开始收获，供应期50 ～ 60天。其主要采收期是在高温多雨季节，栽培有一定难度。由于此期正是市场的蔬菜大旺季，产值一般不高，加上生产有一定难度，在华北地区栽培不多。东北、西北等高纬度和高寒地区的气候条件则相对比较有利于这茬黄瓜的生产。

（3）地块选择及整地做畦　宜选择排灌通畅、透气性好的壤土种植。最好选用3 ～ 5年未种过瓜类作物的地块，实行严格轮作甚为重要。前茬以葱、蒜、豆类为好。为改善土壤透气性和提高保水保肥能力，应多施有机肥，并注意氮、磷、钾肥配合施用。施肥后应精细整地，土肥混合均匀。耕地深度以15 ～ 16厘米为宜。灌水、排水沟要在整地做畦的同时做好。做畦方式有小高畦、高垄等方式。生产实践表明，做畦方向以南北向优于东西向，南北向通风较好，可减少高温、多湿的不良影响。

（4）播种　夏秋黄瓜可以直播，也可育苗移栽。一般用干种子直播，可用温水浸种3 ～ 4小时后播种。在预先准备好的播种沟内点播种子，每穴播种2 ～ 3粒，穴距20 ～ 22厘米。播种后覆土镇压，而后浇水。采用高畦栽培可覆盖地膜。每公顷用种量为3 000 ～ 3 750克。

（5）苗期管理　播种后应保持土壤湿润，一般浇2次水后即可出齐苗。幼苗期不能过分蹲苗，应促控相结合。幼苗出土后抓紧中耕，如表现缺水时及时浇水，并配合少量追肥提苗。浇水后或雨后，还要及时中耕。在子叶展开时进行第一次间苗，出现1 ~ 2片真叶时进行第二次间苗，间除过密苗和畸形苗。当幼苗出现第四片真叶时定苗，每公顷定苗6.75万株左右。定苗后，施肥、浇水、浅中耕1次，每公顷施硫酸铵150千克左右。

（6）**支架、绑蔓、中耕除草**　定苗后浇水，随即插架绑蔓。绑蔓时结合整枝，一般主蔓50厘米以下的侧枝摘除，以上的侧枝瓜前留1 ~ 2片叶摘心。拉秧前20天左右摘心。需进行多次中耕除草；中耕不宜过深，一般为2 ~ 3厘米。

（7）**结瓜期管理**　当根瓜坐瓜后可进行追肥。先将畦面松土，然后每公顷撒施腐熟有机肥6 000 ~ 7 500千克。在保证植株对肥水要求的同时，还需注意使田间不积水，保持土壤良好的通透性。夏、秋黄瓜追肥要采取少施、勤施的方法。一般每采收2 ~ 3次，进行一次追肥，每次每公顷施硫酸铵150千克，或腐熟的农家有机液肥7 500千克。化肥和有机肥可交替施用。无雨时，要做到小水勤浇，最好于傍晚或清晨浇水。大雨后要及时排水，热雨后要用井水串浇，即所谓"涝浇园"。夏秋黄瓜易出现畸形瓜条，主要是因植株营养状况不良，矿质营养和水分吸收不平衡，或因气温过高、雨水过大、受精不良，或种子发育不均匀造成的。具体防治方法参照病虫害防治部分相关内容。

（8）**采收**　采收时间要求不严格，结瓜后天气逐渐转凉爽，故在中后期要加强田间管理，尽量延长瓜的采收期，以提高产量，采摘时间应掌握在早、晚，以确保瓜的品质（图5-46）。

图5-46　采　收

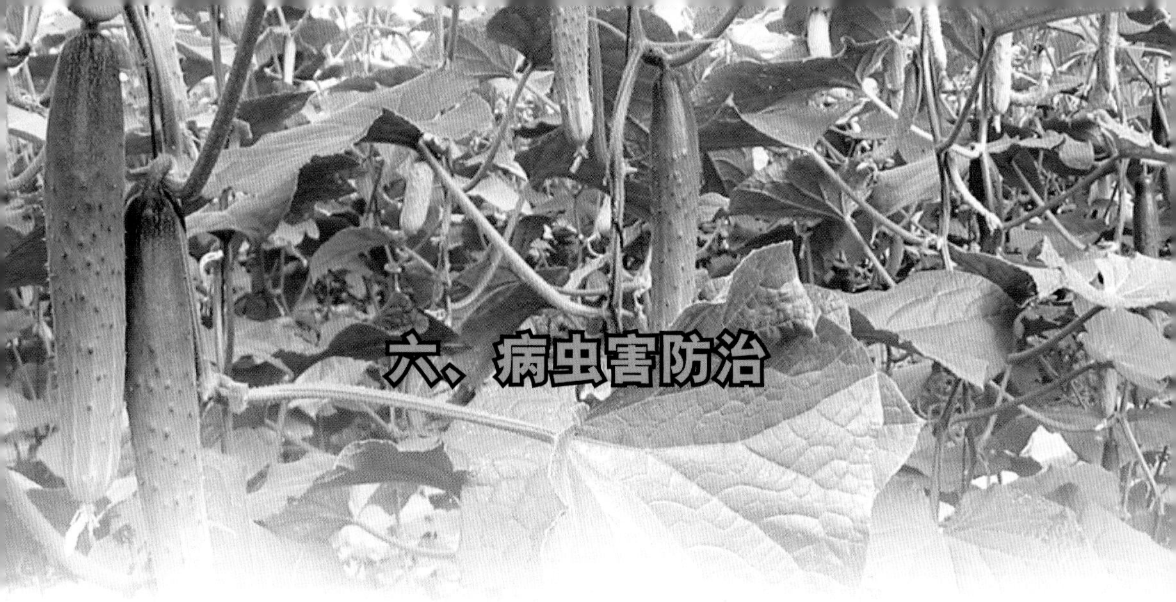

六、病虫害防治

（一）病害

黄瓜猝倒病

【症状】幼苗出苗前受害造成烂种、烂芽，不能出土；出苗后受害，近地面的幼茎最先发病，初期呈水渍状病斑，似开水烫过，后变褐、干枯并绕茎一周，幼苗茎部缢缩成“细脖”状而倒伏。条件适宜时病程极短，幼苗从发病到倒伏只需1天，而子叶在2 ~ 3天内仍呈青绿色，几天时间就能引起幼苗成片猝倒。湿度大时，病株附近长出白色絮状菌丝（图6-1）。

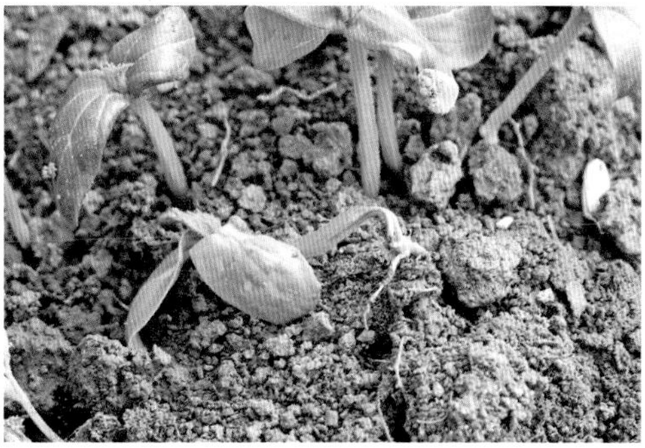

图6-1　幼苗倒伏

【病原】瓜果腐霉（*Pythium aphanidermatum*）为主要病原物，属卵菌门霜霉目疫霉属。菌丝体发达，无隔膜，呈白色絮状，但孢子囊与菌丝体之间有隔膜；孢子囊管状或裂瓣状，顶生或间生，大小为（124 ~ 624）微米×（4.9 ~ 14.9）微米，内含6 ~ 25个或更多的游动孢子；游动孢子双鞭毛，肾形，大小为（13.7 ~ 17.2）微米×（12.0 ~ 17.2）微米；藏卵器内有一个卵球，交配后卵球发育成卵孢子；卵孢子球形，平滑，直径为13.2 ~ 25.1微米（图6-2）。

【发病规律】病菌以卵孢子或菌丝体在病株残体上越冬，也可在土壤中长期存活。通过土壤、种子、未腐熟的农家肥、雨水或灌溉水、农机具及移栽传

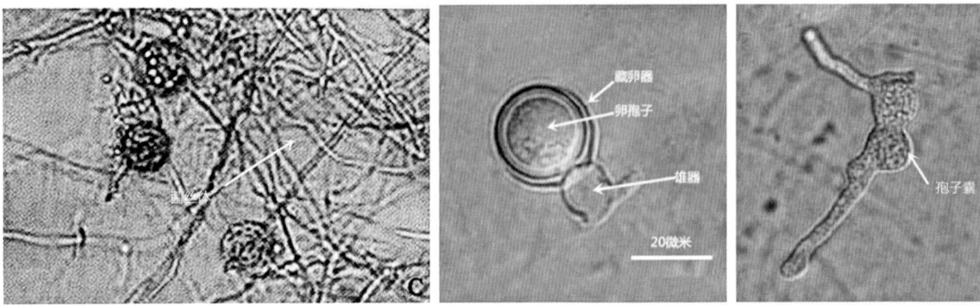

图6-2　瓜果腐霉形态特征

播，条件适宜时卵孢子萌发产生芽管，直接侵入幼苗。此外，在土中营腐生生活的菌丝也可产生孢子囊，孢子囊萌发后产生游动孢子；也有时孢子囊萌发后形成泡囊，泡囊内含多个次生游动孢子。孢子囊和卵孢子的萌发方式主要取决于当时的温度，一般来说温度高于18℃时，卵孢子往往萌发产生芽管；当温度为10 ~ 18℃时，则萌发产生孢子囊并释放出游动孢子，病组织内形成卵孢子越冬。土壤含菌量大、苗床高湿低温、光照不足、幼苗生长衰弱是该病发生的主要诱因。

【防治方法】

（1）育苗基质处理　苗床土可用威百亩熏蒸，即用32.7%威百亩水剂60倍液喷洒苗床，并用薄膜覆盖严实，7天后撤膜，并松土2次，充分释放药气后播种；也可喷洒30%霉灵•精甲霜灵水剂1 500 ~ 2 000倍液。应用穴盘或营养钵育苗时，每立方米营养土或者基质加入30%霉灵水剂150毫升，或54.5%霉•福美双可湿性粉剂10克，充分混匀后育苗。

温馨提示

在土壤中加施0.5%或1%的甲壳素，或施用稻壳、蔗渣、虾壳粉、硅酸炉渣等土壤添加剂，均可提高幼苗的抗病性，减轻发病。

（2）种子处理　种子用50℃温水消毒20分钟，或70℃干热灭菌72小时后催芽播种；或用35%甲霜灵拌种剂或3.5%咯菌•精甲霜悬浮种衣剂按种子重量的0.6%拌种；也可用72.2%霜霉威水剂800 ~ 1 000倍液，或68%精甲霜•锰锌水分散粒剂600 ~ 800倍液、72%锰锌•霜脲可湿性粉剂600 ~ 800倍液浸种0.5小时，再用清水浸泡8小时后催芽或直播。

（3）加强苗床管理　看苗适时适量放风，避免阴雨天浇水等防止出现低温高湿的措施可使幼苗生长健壮，值得应用与推广。选择避风向阳高燥的地块作苗床，既有利于排水、调节床土温度，又有利于采光、提高地温。苗床或棚室施用经酵素菌沤制的堆肥，减少化肥及农药施用量。齐苗后，苗床或棚室内的温度白天保持在25 ~ 30℃，夜间保持在10 ~ 15℃，以防止寒流侵袭。苗床或棚室湿度不宜过高，连阴雨或雨雪天气或床土不干时应少浇水或不浇水，必须浇水时可用喷壶轻浇；当塑料膜、玻璃面或秧苗叶片上有水珠凝结时，要及时通风或撒施草木灰降湿。

（4）药剂防治　一旦发现病株应立即拔除，并及时施药。药剂可选用68％精甲霜•锰锌可湿性粉剂600 ~ 800倍液，或25％吡唑醚菌酯乳油2 000 ~ 3 000倍液＋75％百菌清可湿性粉剂600 ~ 1 000倍液、69％烯酰•锰锌可湿性粉剂1 000倍液、15％霉灵水剂800倍液＋50％甲霜灵可湿性粉剂600 ~ 1 000倍液等，均匀喷雾，视病情每隔7 ~ 10天喷1次。

黄瓜立枯病

【症状】在苗床引起烂种、烂芽及死苗，以幼苗出土至移栽发生较重。幼茎基部初生长圆形暗褐色病斑，白天中午病叶萎蔫，早晚尚可恢复。以后病斑扩大并绕茎一周，病部缢缩，幼苗枯死，立而不倒，病部有浅褐色蛛丝网状霉层（图6-3和图6-4）。

图6-3　枯死幼苗立而不倒

图6-4　茎部缢缩

温馨提示

黄瓜猝倒病与黄瓜立枯病的症状容易混淆，可从以下几点加以区分：一是症状，猝倒病幼苗尚未完全萎蔫和绿色时即倒伏在地，而感染立枯病的幼苗在枯死后仍然直立；二是产生的霉层，在湿度大时，猝倒病苗在幼茎被害部及周围地面产生白色絮状物，而立枯病则产生浅褐色蛛丝网状霉层；三是发病时间，猝倒病一般发生在3片真叶之前，特别是刚出土的幼苗最易发病，而立枯病则发生较晚；四是发病温度，猝倒病偏低温，苗床温度在28℃时发生的可能性大；立枯病偏高温，23 ～ 25℃时发生的可能性才大。猝倒病与生理性沤根也有相似之处。但沤根多是由低温、积水引起。沤根常发生在幼苗定植后，如遇低温、阴雨天气，根皮呈铁锈色腐烂，基本无新根，地上部萎蔫，病苗极易被拔起，严重时成片幼苗干枯。

【病原】病原为立枯丝核菌（*Rhizoctonia solani* Kühn），属于担子菌无性型丝核菌属真菌。初生菌丝无色，后为黄褐色，具有隔膜，粗为8 ～ 12微米，分枝基部缢缩，不产生无性孢子；老熟菌丝常为一连串的桶形细胞，后期变黄褐色至深褐色，分枝基部稍缢缩，与主菌丝成直角，并交织成松散不定形的菌核；菌核浅褐色、棕褐色至暗褐色，近球形或无定形，直径0.1 ～ 0.5纳米，质地疏松，表面粗糙（图6-5）。病原有性型为瓜亡革菌[*Thanatephorus cucumeris*（Frank）Donk]，属于担子菌门亡革菌属。仅在酷暑高温条件下产生，在自然条件下并不常见。

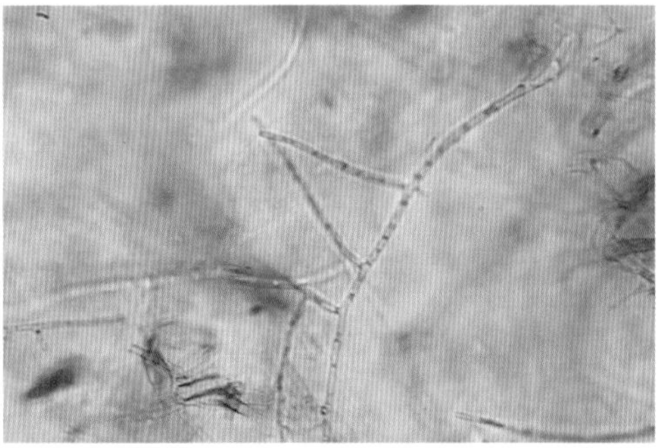

图6-5 立枯丝核菌菌丝

【发病规律】病菌不易产生孢子，主要以菌丝体或菌核在土壤中越冬。病菌适宜生长温度为24℃，在12℃以下和30℃以上时，菌丝生长受到抑制；地温高于10℃时，病菌进入腐生阶段。菌核及菌丝体腐生性强，病残体分解后病菌也可在土壤中腐生存活2 ～ 3年，遇有合适寄主和适宜条件时，以菌丝体作为初侵染源，直接侵入植株；病斑上产生的菌丝通过土壤、水流、农具、雨水及带菌的堆肥传播，在适宜的环境条件下，菌丝从伤口或直接由表皮侵入寄主幼茎、根部而引发病害，并由此不断地在田间引起再侵染。在13 ～ 30℃、土壤湿度20%～60%的条件下，病菌都可侵入植株，但发病的最适温度为20～24℃。

（1）**适期播种，培育壮苗** 根据当地气候条件，因地制宜地确定适宜的播种期，避开不良天气。播种后如遇连续几天的高温干旱天气，应及时浇水以降低地温，减少高温对幼苗茎秆的伤害。

（2）**加强苗床管理** 苗床实行轮作，应避免连作，实行3年以上轮作。选择地势高，地下水位低，排水良好及无病的地块作苗床。雨季育苗应深挖排水沟，及时排水，并合理布局排水沟渠，避免病区水流向健区，造成交叉感染。

（3）**种子处理** 可直接使用带有包衣的商品种子。或者选用75%代森锰锌可湿性粉剂、50%多菌灵可湿性粉剂、70%霉灵可湿性粉剂、70%甲基硫菌灵可湿性粉剂、40%百菌清可湿性粉剂等药剂的15倍液拌种，晾干后播种；也可选用2.5%代森锰锌悬浮种衣剂12.5毫升、3.5%甲霜灵悬浮种衣剂30毫升、45%克菌丹悬浮种衣剂3～5克、3%苯醚甲环唑悬浮种衣剂0.5～1毫升，对水50毫升，再与5千克种子搅拌混匀，晾干后播种；还可选用75%代森锰锌可湿性粉剂，或50%多菌灵可湿性粉剂，或70%甲基硫菌灵可湿性粉剂，或40%百菌清可湿性粉剂拌种，每千克种子用药2克，要充分拌匀，拌种后不宜暴晒和受潮。

（4）**药剂防治** 苗床初现萎蔫症状时，应及时拔除并施药防治。可选用70%甲基硫菌灵可湿性粉剂800倍液，或50%多菌灵可湿性粉剂500倍液、20%甲霜灵可湿性粉剂1 200倍液、40%百菌清可湿性粉剂800倍液、43%戊唑醇悬浮剂3 000倍液、50%异菌脲可湿性粉剂800～1 000倍液、3%多抗霉素水剂500～1 000倍液等药剂，间隔7～10天喷洒1次，连续喷洒2～3次。当猝倒病和立枯病混合发生时，可与防治猝倒病的药剂混合施用。苗床发病时，既要对整个苗床进行普遍喷药，又要对发病中心进行重点防治，即将整个幼苗和根系土壤充分淋透；露地苗床若在施药后3天内遇雨，应在雨停后1天补喷。

黄瓜霜霉病

【症状】黄瓜霜霉病各个生育期都可发生，主要为害叶片。黄瓜幼苗感染霜霉病后，子叶正面出现不规则的褪绿色病斑，潮湿时病斑背面产生灰黑色霉层，严重时子叶变黄干枯。成株叶片染病，自下向上蔓延，初发时仅在叶背产生水渍状病斑（图6-6和图6-7），早晨和阴雨天尤为明显，病

30

图6-6 发病初期症状（叶片正面）

图6-7 发病初期症状（叶片背面）

图6-8 发病中后期

斑扩大后受叶脉限制呈多角形（图6-8），叶面病斑褪绿成淡黄色，叶背病斑黄褐色，湿度大时叶背病斑上长出黑褐色霉层（图6-9），即病菌孢囊梗和孢子囊；随着病情的加重，病斑由黄色逐渐变为黄褐色，叶片正面也可形成少量霉层。严重时除顶端保存少量新叶外，全株叶片迅速变黄干枯（图6-10）。

图6-9 叶片背面的黑色霉层

图6-10 田间症状

【病原】古巴假霜霉菌（*Pseudoperonospora cubensis*）属卵菌门假霜霉属。菌丝体无色，无隔膜，在寄主细胞间生长发育，以卵形或指状分枝的吸器深入寄主细胞内吸收营养（图6-11）。无性繁殖时，孢囊梗由寄主叶片的气孔伸出，单生或2 ~ 5根丛生，长240 ~ 340微米，无色。孢囊梗主干基部稍膨大，上部呈双叉状分枝3 ~ 5次，末枝稍弯曲或直，长1.7 ~ 15微米，在小梗顶端着生孢子囊；孢子囊淡褐色，椭圆形或卵圆形，具顶端乳突，淡褐色，大小为（15 ~ 31.5）微米 ×（11.5 ~ 14.5）微米。

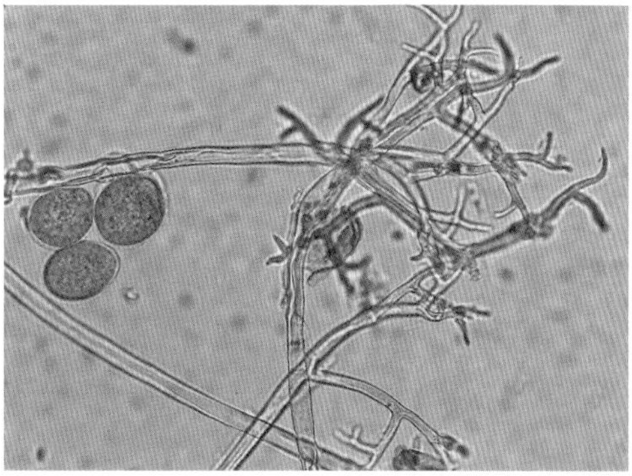
图6-11　孢子囊及菌丝

【发生规律】病原菌在病叶上越冬或越夏，并通过气流、雨水、灌溉水等途径进行传播，当到达叶片上的病原菌量及侵染条件适宜时，病原菌开始侵染，植株形成发病中心。孢子囊成熟后，一方面主要靠气流携带从一个田块到另一个田块进行远距离传播；另一方面，孢子囊随雨水溅飞、甲虫的爬动、农器具的移动等进行近距离传播。多雨、多露、多雾、昼夜温差大，或阴雨天与晴天交替等气候条件有利于病害的发生和流行。

【防治方法】

（1）选用抗病品种　目前种植的抗霜霉病黄瓜品种有中农18、中农31、津优308、津优401、博美8号等，各地应因地制宜地选用。

（2）合理轮作　采取瓜类与非瓜类作物最少3年以上轮作来有效地减少病原菌累积，减少初侵染源，尽量避免重茬连作，特别是在有条件的地方进行水旱轮作或与非葫芦科蔬菜轮作，效果更好。

（3）高垄栽培　可减少黄瓜茎基部叶片与水直接接触的机会，防止病原通过雨水和灌溉水溅飞传播，同时也可改善黄瓜根际土壤的通透性，提高植株抗病能力。

（4）全地膜覆盖　有利于降低湿度，尤其是叶片表面不结露，使病原菌孢子不萌发从而不造成侵染；还可起到保水保肥的作用，使植株长势良好。同时采用滴灌、渗灌、膜下暗灌、膜下滴灌（图6-12）等，也可降低湿度，破坏病原菌生存环境。

图6-12　全地膜覆盖

（5）高温高湿闷棚　防治苗期霜霉病的最佳温湿度为温度45℃，相对湿度80%，保持1小时。在黄瓜感病初期进行高温高湿闷棚防治，效果好于发病后防治。同时，高温诱导还可以使黄瓜组织产生一系列的防卫反应来抵御霜霉病菌的侵染，40℃高温处理2小时和45℃处理1小时对黄瓜霜霉病的诱导抗病性作用明显。

（6）药剂防治　发病前，可喷施80%代森锰锌可湿性粉剂500倍液，或75%百菌清可湿性粉剂或悬浮剂600倍液预防。在病害发生初期或病害较轻的情况下，可选用6%嘧啶核苷类抗菌素水剂1 000倍液，或0.3%苦参碱水剂600～800倍液喷雾预防，每隔5～7天施用1次。也可用化学药剂喷施防治，如35%烯酰吗啉•霜脲氰可湿性粉剂1 500倍液，或60%氟吗•锰锌可湿性粉剂700倍液、72%霜脲氰•代森锰锌可湿性粉剂600～800倍液、68%精甲霜灵•锰锌水分散粒剂700～800倍液等，每隔7～10天喷施1次，视病情决定喷雾次数。

温馨提示

喷药要全面，抓住大棚前脸植株、中心病株周围的植株、植株中上部易受病原菌侵染的功能叶片3个喷药重点。并注意施药部位，针对黄瓜霜霉病多在叶片背面形成霉层，后期在叶片正面也形成少量霉层的特点，叶背面、叶正面都要喷施，重点喷叶背，能达到更好的防治效果。

黄瓜白粉病

【症状】该病主要为害叶片，其次是叶柄和茎，果实很少受害。叶面上产生浅黄色病斑，沿叶脉扩展并受叶脉限制，呈多角形，易与细菌性角斑病混淆。清晨叶面上有结露或吐水时，病斑呈水渍状，叶背病斑处常有水珠，后期病斑变成浅褐色或黄褐色多角形斑。湿度高时，叶片背面逐渐出现白色霉层（图6-13和图6-14），稍后变为灰黑色，以叶正面为多，条件适宜时，粉斑迅速扩大，相互连接成边缘不明显的大片白粉区，甚至布满整个叶面。高湿条件下病斑迅速扩展或融合成大斑块，致叶片上卷或干枯，下部叶片全部干枯，有时仅剩下生长点附近几片绿叶。

【病原】苍耳叉丝单囊壳（*Podosphaera xanthii*）属子囊菌门叉丝单囊壳属。菌丝壁薄，光滑或近光滑，附着器不明显至轻微乳头状；分生孢子椭圆

图6-13　叶片正面白色霉层

图6-14　白色霉层

形、卵圆形至瓮形，内有明显的纤维体；芽管侧面生，简单至叉状，短；分生孢子梗直立，脚胞圆筒形；闭囊壳球形，近球形，内含单个子囊，每个子囊内通常含有8个子囊孢子；附属丝菌丝状；子囊孢子广卵形至亚球形（图6-15）。

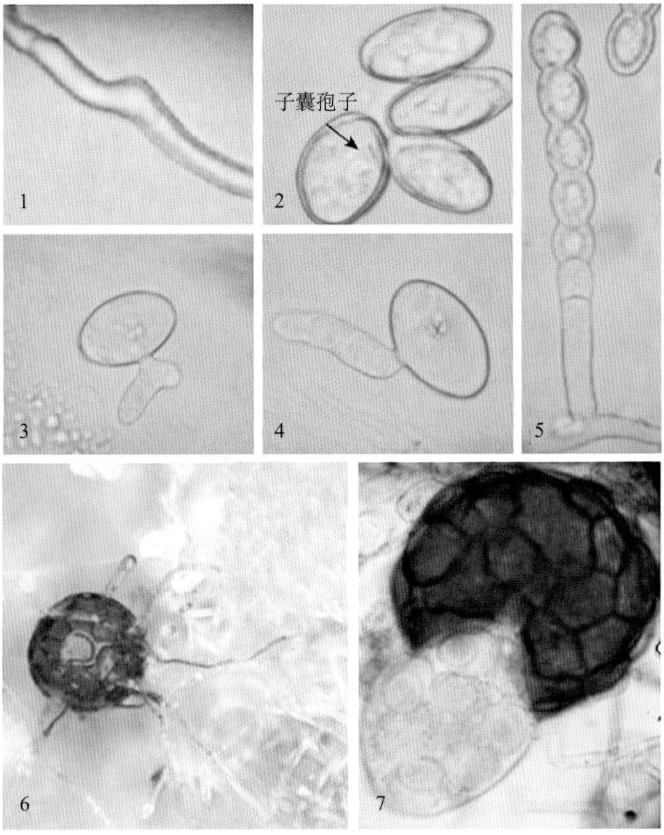

图6-15　苍耳叉丝单囊壳

1.附着器　2.分生孢子　3、4.芽管　5.分生孢子梗　6、7.子囊及子囊孢子

【发病规律】黄瓜白粉病病原菌是专性寄生菌，必须在活寄主组织上才能生长与发育。在全年种植黄瓜或其他寄主的南方地区，以及北方保护地中，病菌无明显越冬现象，可以菌丝及分生孢子在病株上持续为害和生存；而在寒冷地区，则以闭囊壳随病残体遗留在土壤里越冬，成为翌年初侵染源。但闭囊壳只是在南瓜和黄瓜上比较容易产生，经初侵染发病的植株上可产生大量致病性很强的分生孢子，通过气流传播，特别是可被大风吹到很远处，萌发后以侵染丝直接侵入寄主表皮细胞。如遇连续阴天，光照不足，天气闷热或雨后放晴，但田间湿度仍大时，白粉病很易流行。保护地种植黄瓜通常比露地发病早且重，主要原因是室内湿度大，温度较高，有利于分生孢子大量繁殖和病害迅速蔓延。在华北地区，温室黄瓜在4～5月，大棚黄瓜在5～6月，露地黄瓜在6～8月最易发病。秋黄瓜病害轻。东北地区，该病发生稍晚。长江流域，一般在梅雨期和多雨潮湿的秋季发病重。

【防治方法】

（1）选用抗病品种　目前抗黄瓜白粉病的品种有津优401、中农18、中农31、中农50、密基特等。

（2）加强栽培管理　培养无病壮苗；避免连作，选择地势较高、排灌良好的地块定植，避免栽植过密；及时摘除植株下部的重病叶，带出田间烧毁或深埋；科学浇水，降低田间湿度；合理施肥，底肥中配合适量的磷、钾肥，生长中、后期适当追肥，既要防止植株徒长，也要防止脱肥早衰。

温馨提示

保护地内不宜与易感白粉病的月季等花卉混栽。

（3）药剂防治　发病初期喷施26%三唑酮可湿性粉剂2 000倍液，或20%三唑酮乳油2 000～3 000倍液，防治效果较好，持效期可达20天左右。此外，还可选用2%嘧啶核苷类抗菌素水剂或2%武夷霉素水剂100～200倍液、50%多菌灵可湿性粉剂600倍液、45%硫黄悬浮剂500倍液、70%甲基硫菌灵可湿性粉剂800倍液、30%二元酸铜（琥胶肥酸铜悬浮剂）500倍液、45%代森铵水剂1 000倍液、75%百菌清可湿性粉剂600倍液等。阴雨天时可选用5%春雷•王铜（加瑞农）粉尘剂，防治效果理想。

黄瓜灰霉病

图6-16　V形病斑

【症状】黄瓜的花、幼果、叶片和茎均可染病。黄瓜幼苗的子叶期最易感病。叶片发病，从叶缘向内呈V形扩展，病斑初呈水渍状，后为浅褐色至黄褐色，病势发展较快，低温高湿下，病斑易产生灰白色霉状物（图6-16）。一般是雌花受害，尤其是残留在植株上的雌花花瓣先受病菌侵染，造成水渍状腐烂，病部表面密生灰色至淡褐色霉层，最后雌花枯萎或腐烂，病花有时会脱落。茎部病斑初呈水渍状，后为褐色，最后产生灰白色霉状物（图6-17）。瓜条感染，果蒂产生水渍状病斑，病组织逐渐腐烂、变软，表面密生灰色至灰褐色粉状霉层，在霉层中间夹杂着黑色椭圆形菌核（图6-18）。

31

图6-17　茎部症状

图6-18　瓜条症状

【病原】病原为灰葡萄孢（*Botrytis cinerea*），属无性型真菌。分生孢子梗单生或丛生，大小为（712 ~ 1 745）微米 ×（10 ~ 17）微米，在分生孢子梗顶部产生多轮互生分枝，最后一轮分枝末端膨大，芽生分生孢子。分生孢子椭圆形，单胞，大小为（7 ~ 14）微米 ×（6 ~ 13）微米，簇生在分生孢子梗顶端（图6-19）。有性型为富克葡萄孢盘菌（*Botryotinia fuckeliana*），属子囊菌门葡萄盘菌属，能产生菌核，菌核萌发后产生子囊盘，子囊盘中产生子囊及子囊孢子，但在自然条件下，有性繁殖不太多见。

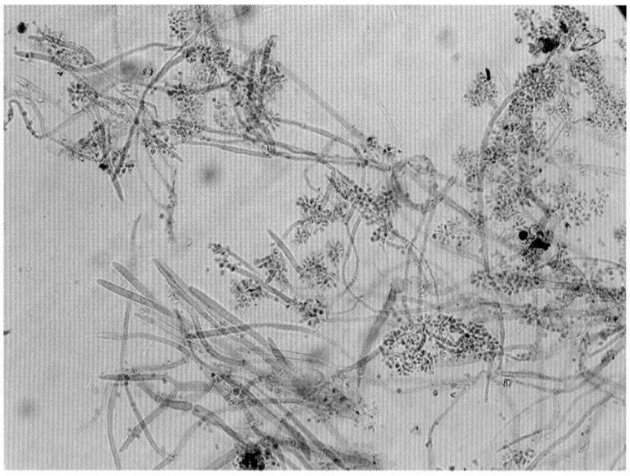

图6-19　灰葡萄孢分生孢子梗

图6-20　黄瓜套袋

【发生规律】病菌以菌丝或菌核随病残体在土壤中越冬或越夏，在冬暖大棚栽培的黄瓜上可周年为害。病菌随气流、灌溉水及农事操作传播蔓延。低温、高湿环境是黄瓜灰霉病发生流行的主要原因，地势低洼潮湿、光照不足、氮肥过多、密度过大、灌水过勤或过大、生长过旺、整枝打顶和中耕除草不及时等都会促进黄瓜灰霉病的发生与流行。

【防治方法】

（1）合理轮作　黄瓜灰霉病发生较重的田块，与水生蔬菜或禾本科作物轮作2 ～ 3年，可收到良好的防治效果。

（2）摘花和套袋　摘除黄瓜植株上的残花及瓜条套袋能有效防治黄瓜灰霉病的发生（图6-20）。

（3）药剂防治　重点要抓住黄瓜移栽前期、开花期和果实膨大期这3个时期用药。可喷洒65%甲硫乙霉威可湿性粉剂1 200倍液、40%嘧霉胺悬浮剂1 000倍液、65%多菌灵•乙霉威可湿性粉剂600 ～ 800倍液、50%多霉威可湿性粉剂1 000 ～ 1 200倍液、50%异菌脲可湿性粉剂1 000 ～ 1 500倍液、50%腐霉利可湿性粉剂1 500 ～ 2 000倍液、50%氟吗•锰锌可湿性粉剂600倍液等，每隔7 ～ 10天喷1次，连喷2 ～ 3次。

黄瓜红粉病

【症状】该病主要为害黄瓜叶片，也可为害果实和茎部。多从叶片中间或叶缘开始发病，产生圆形、椭圆形或者不规则形的浅褐色病斑（图6-21），大小为2 ～ 5厘米，病健部界限明显，病斑一般不穿孔，偶有开裂；湿度大时病斑边缘呈水渍状，上面生有淡橙红色的霉状物，即病原菌的分生孢子梗和分生孢子；严重时多个病斑连成片，叶片腐烂、枯死（图6-22）。为害茎部造成茎节间开裂（图6-23），呈水渍状淡橙红色病斑。为害果实，可形成淡橙红色病

图6-21　叶部浅褐色病斑

图6-22　叶片枯死

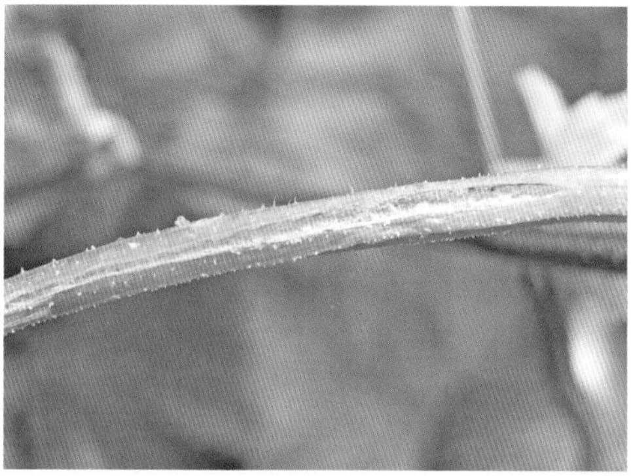

图6-23　茎部开裂

斑，果实变苦，失去食用价值。该病还可在栝蒌的雄花上发生，落在叶片上可引起叶片发病。

【病原】葫芦科等蔬菜红粉病的病原菌是粉红单端孢（*Trichothecium roseum*），属子囊菌无性型单端孢属真菌。菌丝体绒毛状，具隔膜，初为白色，后粉红色（图6-24）。分生孢子倒洋梨形、卵形，孢子基部具偏乳头状突起，透明且稍带颜色，成熟时具1个隔膜，分隔处稍溢缩，孢壁光滑略厚，大小（7.5 ～ 12.5）微米 ×（10 ～ 25）微米（图6-25）。分生孢子梗细长、直立、无色，不分枝，无隔膜，或偶有1 ～ 2个隔膜，顶端有时稍大，以倒合轴式序列产生分生孢子。

【发生规律】病原以菌丝、孢子随病株、腐烂组织在土壤中越冬，成为第二年的初侵染来源。翌年春季条件适宜时，病菌的菌丝体或产生的分生孢子通过土壤、农具、气流和灌水传播，从皮口、伤口及死亡组织侵入叶片或果实，尤以各种伤口最重要。高温有利于病原菌繁殖，在20 ～ 31℃条件下，菌丝可良好生长，较高或较低温度不利于菌丝生长。保护地内湿度较大、过分密植、

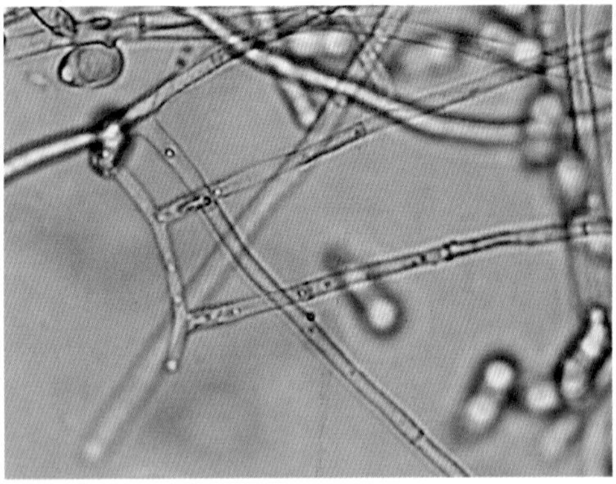

图6-24 菌 丝

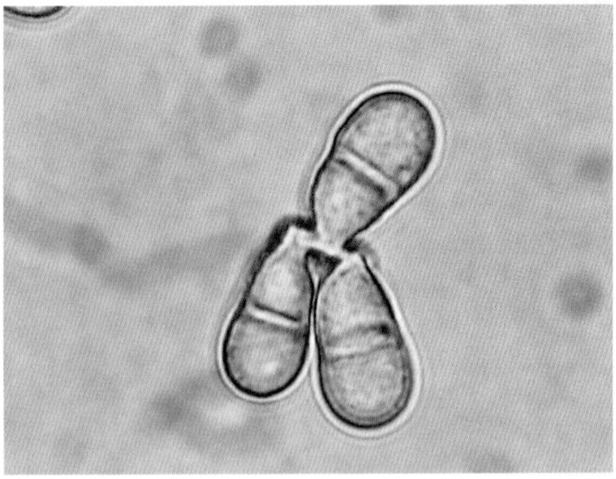

图6-25 分生孢子

光照不足有利于该病发生，多发生于2～4月。露地瓜类在多雨高温季节也可发生为害。

【防治方法】

（1）采用滴灌和膜下浇水的方式 大棚与温室内尽量采用滴灌和膜下浇水的方式，有利于保持土壤持水量、降低湿度，是防止黄瓜红粉病蔓延和为害的有效方法。

（2）加强栽培管理 定植前空棚消毒，可用硫黄粉熏蒸，消除残留病菌，发病的温室，大棚收获后应集中烧毁病株。应适当整枝和摘除多余的侧枝，加强通风透光，防止植株徒长，同时结合整枝进行疏花疏果，摘除老叶、病果、病叶，改善植株生长环境，提高植株抗病能力。

（3）药剂防治 发病后要及时防治，控制住病情的发展。可于发病前或发病初期喷洒70%甲基硫菌灵500～600倍液、50%咪鲜胺锰盐可湿性粉剂1 200倍液，或10%苯醚甲环唑水分散粒剂1 000～1 500倍液、72%霜脲氰•锰锌可湿性粉剂800倍液、50%苯菌灵可湿性粉剂1 000～1 500倍液、50%硫黄•多菌灵可湿性粉剂800～1 000倍液，每隔7～10天喷施1次，连喷2～3次。

黄瓜黑星病

【症状】黄瓜整个生长期均为黑星病繁殖侵染期。发病部位有叶片、叶柄、茎蔓、卷须、瓜条及生长点等，其中嫩叶、嫩茎和幼瓜最易感病，而老叶和老瓜不易感病。苗期种子带菌，发芽后子叶发病产生产生黄白色、近圆形的斑点，严重时子叶干枯、生长点腐烂、幼苗死亡。成株期叶片发病，病斑较小，近圆形，淡黄色至白色，病斑直径1～4毫米，初期病斑周围有黄色晕圈，后期易破裂穿孔呈星状（图6-26和图6-27）。叶脉受害后，病组织坏死，周围健部继续生长，使病部周围叶组织皱缩。茎干发病，病斑呈长梭形或长椭圆形，淡褐色，稍凹陷，形成疮痂状，有时茎裂开，卷须、叶柄、果柄被害特点与茎秆相似。瓜条发病初期为近圆形褪绿小斑，病斑处溢出乳白色透明的胶状物，不流失，后变为琥珀色，空气干燥时，后期胶状物脱落，病斑凹陷（图6-28），进而龟裂成疮痂状；空气潮湿时，病斑上也长出灰黑绿色霉状物，霉层致密，用手持扩大镜可见似绒毯状。由于病斑处组织生长受抑制而木栓化，使瓜条弯曲畸形（图6-29），受害瓜条一般不腐烂。

图6-26　叶部症状（1）

图6-27　叶部症状（2）

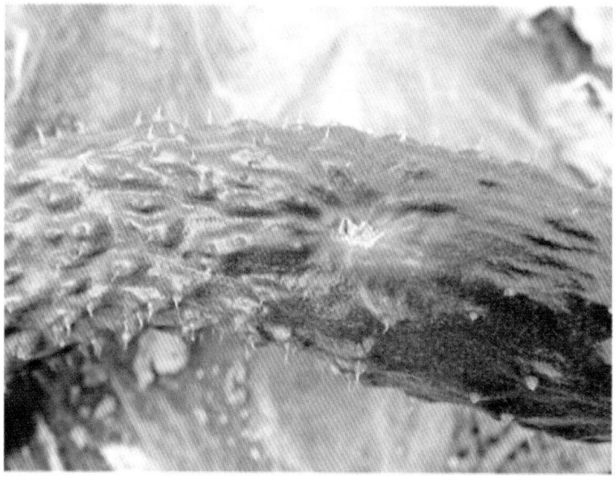
图6-28　病斑凹陷

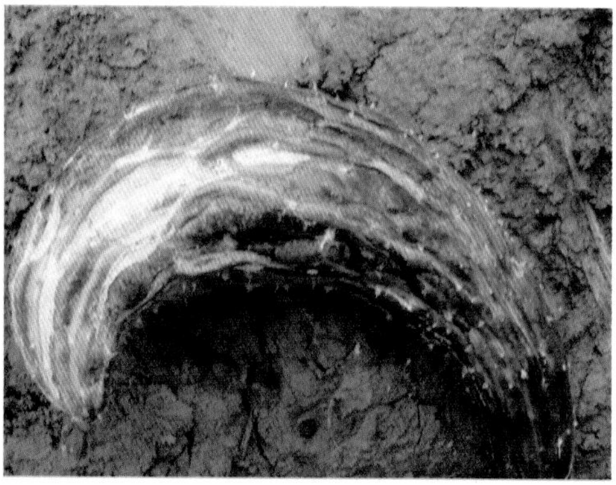
图6-29　瓜条木栓化且畸形

【病原】瓜枝孢（*Cladosporium cucumerinum*），其菌丝灰色至淡褐色，具分隔；分生孢子梗单生或3～6根簇生，分枝或不分枝，直立，深褐色，上部色淡，光滑，3～8个隔膜，基部常膨大，大小为（76.0～380.0）微米×（3.2～5.0）微米，基部有时膨大处直径5.0～7.5微米。枝孢柱形，无或有

1～2个隔膜，大小为（18.5～30.0）微米×（3.0～5.4）微米。分生孢子形状各异，梭形、长梭形、哑铃形，串生，多数无隔膜，偶有一隔。瓜枝孢在PDA培养基上菌落初为白色，后为绿色至黑绿色，天鹅绒状或毡状，产生黑绿色色素溶入培养基中。

【发病规律】黄瓜黑星病的初侵染源主要为种子和病残体。病原菌靠雨水、气流和农事操作在田间传播，在适宜的温湿度条件下产生新的分生孢子，随风或靠孢子弹射到植株各部位上开始侵染，周而复始一直延续到秋末。病原菌可以从叶片、果实、茎表皮直接侵入，或从气孔和伤口侵入，棚室内的潜育期一般为3～10天，在露地为9～10天，黄瓜整个生长期均为黑星病繁殖侵染期。黄瓜黑星病菌生长发育适宜温度为15～25℃，温度达35℃时，病菌停止生长和产孢，在中低温环境中易发病。分生孢子萌发温度为5～30℃，pH5～7，最适为pH6，光照对分生孢子萌发也有一定的影响，散射光和黑暗都有利于分生孢子萌发。

【防治方法】

（1）选用抗病品种　中农19、中农29、中农31、吉杂1号、丹东刺瓜等较抗黑星病，各地可因地制宜选用。

（2）加强栽培管理　发病严重地块应与非葫芦科作物进行2～3年轮作，以防止田间病原菌数量逐年积累。棚室于定植或育苗之前进行翻地整地，有条件的进行土壤消毒，可降低棚室内病原菌基数。发病田收获后，彻底清除病残体，予以深埋或烧毁。保护地栽培，从定植期到结瓜期严格控制浇水，放风排湿，降低棚内湿度，减少叶面结露，抑制病菌萌发和侵入，白天控温在28～30℃，夜间15℃，相对湿度低于90%；中温和低温棚的平均温度控制在21～25℃，或控制相对湿度持续高于90%不超过8小时，可减轻发病。

（3）高温闷棚　棚室中，在黄瓜能够忍受的高温下（47～48℃）处理1～2小时，对黄瓜黑星病具有明显的控制作用，同时高温闷棚可兼治黄瓜霜霉病。

（4）种子处理　用50%多菌灵可湿性粉剂500倍液浸种20分钟，冲净后催芽；或用55℃温水浸种15分钟；或用75%百菌清可湿性粉剂按药种比1∶300拌种；或播种前进行土壤消毒等。

（5）药剂防治　在发病初期，应及时拔除病株并喷药防治，施药时以喷施幼苗及成株嫩叶、嫩茎、幼瓜为主。药剂可选用250克/升嘧菌酯悬浮剂800～1 000倍液，或40%氟硅唑乳油5 000～8 000倍液，或20%腈菌唑·福美双可湿性粉剂900 ～ 1 000倍液，或12.5%腈菌唑可湿性粉剂1 500 ～ 2 000倍液，均匀喷施，每隔7天喷施1次，连喷3 ～ 4次。

黄瓜褐斑病

【症状】黄瓜褐斑病又称黄瓜靶斑病、黄瓜棒孢叶斑病。病菌以为害叶片为主，中、下部叶片先发病，再向上部叶片发展，严重时蔓延至叶柄、茎蔓，并可造成果实流胶。叶片症状多样，可分为小型斑、大型斑、角状斑3种。①小型斑：低温低湿时，多表现在发病初期的黄瓜新叶上。病斑直径0.1 ～ 0.5厘米，呈黄褐色小点。叶片正面病斑略凹陷，近圆形或稍规则，病健交界处明显，黄褐色，中部颜色稍浅，淡黄色（图6-30），叶片背面病部稍隆起，黄白色（图6-31）。②大型斑：高温高湿、植株长势旺盛时多产生大型斑，多为圆形或不规则形，直径2 ～ 5厘米，灰白色，叶片正面病斑粗糙不平，隐约有轮纹，湿度大时，叶片正面和背面均可产生大量灰色霉状物，即病原菌菌丝体，但该情况下病部不易产生分生孢子和分生孢子梗（图6-32、图6-33）。③角状斑：多与小型斑、大型斑混合发生。病斑黄白色，多角形，病健交界处明显，直径0.5 ～ 1.0厘米。以上3种症状均可不断蔓延发展，后期病斑在叶面大量散生或连成片，造成叶片穿孔、枯死、脱落。

图6-30　小型斑叶片正面

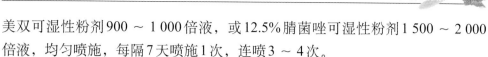

图6-31　小型斑叶片背面

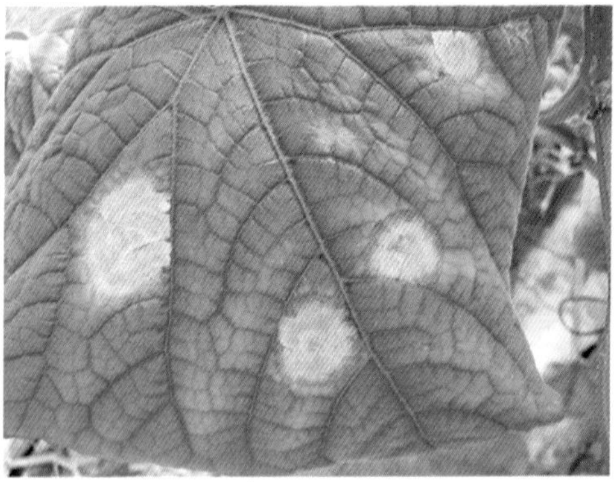

图6-32　大型斑叶片正面

图6-33　大型斑叶片背面

温馨提示

黄瓜褐斑病与黄瓜霜霉病、黄瓜细菌性角斑病症状易混淆，主要区别是黄瓜褐斑病病斑颜色明亮，黄白色，边缘明显，叶片背面无霉层，阳光下病斑透明；黄瓜霜霉病叶片正面褪绿、发黄，病健交界处不清晰，病斑多交集成片，湿度大时叶片背面有灰色霉层；黄瓜细菌性角斑病病斑为鲜绿色水渍状，渐变淡褐色，病斑受叶脉限制多角形，灰褐或黄褐色，后期干燥时斑面干枯脱落，湿度大时产生乳白色菌脓，水分蒸发后形成一层白色粉末状物质，或留下一层白膜。

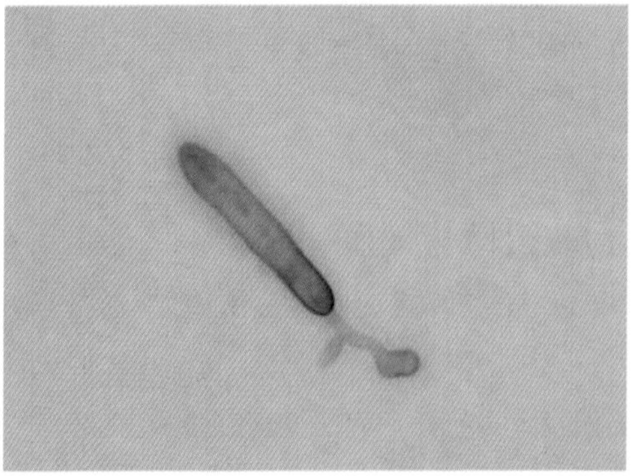

图6-34　孢子一端萌发

【病原】黄瓜褐斑病的病原为多主棒孢霉（*Corynespora cassiicola*），属于子囊菌无性型棒孢属真菌。菌丝体分枝，无色到淡褐色，具隔膜（图6-34）。分生孢子梗和分生孢子生长在叶面。分生孢子梗多由菌丝衍生而来，单生，较直立，细长，初淡色，成熟后褐色，光滑，不分枝，具分隔，分隔数1～8个，大小为（100～650）微米×（3～8）微米；分生孢子顶生于梗端，倒棒形、圆筒形、线形或Y形，单生或串生，直立或稍弯曲，基部膨大、较平，顶部钝圆，浅橄榄色到深褐色，假隔膜分隔，大小为（50～350）微米×

(9 ～ 17) 微米，分隔数2 ～ 27个。厚垣孢子粗缩，壁厚，深褐色。病菌在PDA培养基上培养，菌落致密，表生绒毛，白色、灰色或青绿色，有时产生暗红色素。

【发生规律】病菌主要以菌丝体、厚垣孢子或分生孢子随病残体、杂草在土壤中或其他寄主植物上越冬。田间发病后，在适宜条件下病部产生大量分生孢子。分生孢子借风、雨和农事操作传播。分生孢子萌发产生芽管，从气孔、伤口或直接穿透表皮侵入，潜育期5 ～ 7天。病菌在10 ～ 35℃下均能生长，以30℃左右最适。分生孢子萌发温度范围为10 ～ 35℃，以25 ～ 30℃最适；同时要求90%以上的相对湿度，在水滴中萌发率最高。高温、高湿有利于该病的流行和蔓延，阴雨天较多，或长时间闷棚、叶面结露、光照不足、昼夜温差大都会加重病害的发生程度。

【防治方法】

（1）**选用抗病品种**　选育抗病品种是控制黄瓜褐斑病的有效途径。目前种植的抗褐斑病黄瓜品种有津优3号、津优38等。

（2）**合理轮作**　与非寄主作物进行2年以上轮作，降低病菌积累，减少发病。

（3）**种子处理**　采用温汤浸种，即将种子用15分钟后转入55 ～ 60℃热水中浸种10 ～ 15分钟，并不断搅拌，待水温降至30℃，继续浸种3 ～ 4小时，捞起沥干后于25 ～ 28℃下催芽。若能结合药液浸种，杀菌效果更好。

（4）**加强栽培管理**　保护地种植黄瓜应以控制温度、降低湿度为中心进行生态防治，适时通风换气，控水排湿。合理密植，及时清理病老株叶。发病收获后应集中烧毁病株，消除残存病菌。适时追肥，充足而不过量的氮肥可以提高植株抗病性。灌水、施肥均在膜下暗灌沟内进行，能有效降低棚内空气湿度，抑制病害发生。

（5）**药剂防治**　瓜定植后10 ～ 15天，可用25%吡唑醚菌酯可湿性粉剂3 000倍液喷雾预防。一旦发现病情需及时用药，可选用甲氧基丙烯酸酯类杀菌剂如25%嘧菌酯悬浮剂1 500倍液，或75%百菌清可湿性粉剂600倍液，或50%福美双可湿性粉剂500倍液，或40%腈菌唑乳油3 000倍液等，间隔5 ～ 7天喷施1次，连续喷施2 ～ 3次。病情严重时，加喷铜制剂，如叶面喷洒77%氢氧化铜可湿性粉剂500 ～ 600倍液，或30%硝基腐殖酸铜可湿性粉剂600 ～ 800倍液，注意轮换交替用药。

黄瓜炭疽病

【症状】该病在黄瓜各生育期均可发生，以生长中后期发病较重。主要为害叶片，还可为害叶片、叶柄、茎、瓜条。幼苗发病，多在子叶边缘出现半圆形或圆形淡褐色病斑，稍凹陷，病斑边缘明显（图6-35和图6-36），湿度大时上有淡红色黏稠物，严重时幼苗茎基部呈淡褐色，病部凹陷并逐渐萎缩，造成幼苗折倒死亡。叶片受害，初呈水渍状圆形或椭圆形斑点，病斑黄褐色，边缘有时有黄色晕圈，严重的中部易破碎穿孔，叶片干枯死亡，潮湿时病斑正面生粉红色黏稠物或黑色小点，即为分生孢子盘和分生孢子（图6-37至图6-40）。叶柄受害，产生长圆形病斑，稍凹陷，初呈黄色水渍状，后变为深褐色。茎部受害，在节处产生黄色的不规则形病斑，稍凹陷，严重时病斑连接环绕茎部，致使病部以上或整株枯死（图6-41）。瓜条被害，开始产生水渍状浅绿色的病斑，后变为黑褐色稍凹陷的圆形或近圆形病斑，干燥时凹陷处常龟裂，上生许多黑色小粒点。

图6-35　子叶背面

图6-36　子叶正面

图6-37　叶片正面病斑

图6-38　叶片背面病斑

图6-39　叶片后期症状

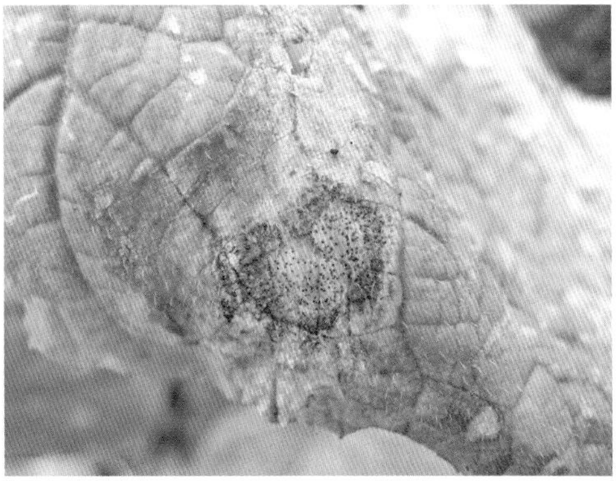

图6-40　病斑上的黑色小点

【病原】瓜类炭疽菌（*Colletotrichum orbiculare*）隶属于炭疽菌属。有性型为葫芦小丛壳（*Glomerella lagenaria*），属于子囊菌门小丛壳属，但在自然情况下很少出现。分生孢子盘上着生一些暗褐色基部膨大的刚毛，有2～3个横隔（图6-42）；分生孢子梗无色，单胞，圆筒状，分生孢子盘上着生一些暗褐色基部膨大的刚毛，有2～3个横隔（图6-43）。

图6-41　茎部症状

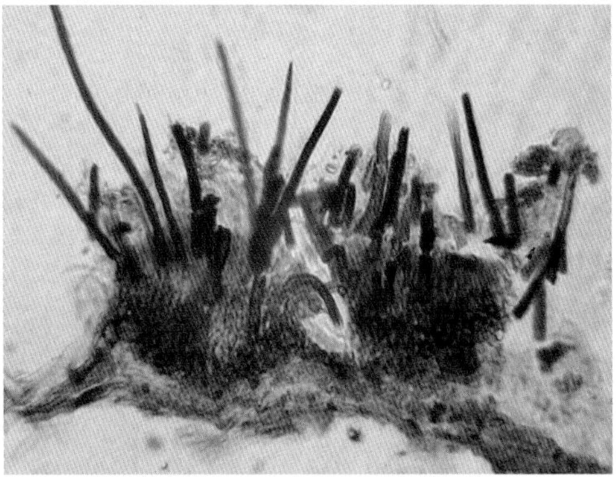

图6-42　分生孢子盘

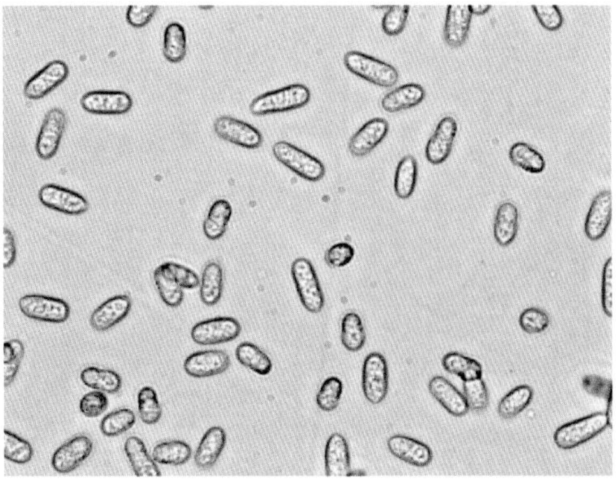

图6-43　分生孢子

【发生规律】主要以菌丝体和拟菌核随病残体在土壤里越冬，种子表面附带的菌丝体也可越冬；病菌还能在温室或大棚内旧木料上腐生，这些病原菌都可成为田间病害的初侵染源。翌年春季环境条件适宜时，越冬后的病菌产生大量的分生孢子，成为田间病害的初侵染来源。分生孢子可直接侵入或从伤口、自然孔口侵入。高温高湿，大棚通风不良，或氮肥过多，连作重茬地发病重。

【防治方法】

（1）种子处理　播种前对种子进行消毒，可用0.1%高锰酸钾溶液浸种5～6小时，或用72%农用链霉素可溶粉剂200倍液浸种2小时，再用清水冲洗3～4次后催芽播种或直播。

（2）加强栽培管理　保护地栽培的关键是控温排湿，应注意提高棚内温度，及时放风降低相对湿度，减少结露时间，以抑制病菌萌发和侵入；在整枝、绑蔓、采收、病虫防治等各项农事操作时，应尽量选择在晴天或露水干后进行，避免碰伤植株，以减少人为传播蔓延。另外，应及时清除病株、病叶，带出田外集中销毁。

（3）药剂防治　发病初期及时喷药可取得较好的防治效果。可选用以下杀菌剂或配方进行防治：68.75%噁唑菌酮·锰锌水分散粒剂1 200～1 500倍液、25%嘧菌酯悬浮剂1 500倍液、60%吡唑醚菌酯·代森联水分散粒剂1 000倍液、50%咪鲜胺锰盐可湿性粉剂1 000～1 500倍液、10%苯醚甲环唑水分散粒剂2 000～2 500倍液、32.5%嘧菌酯·苯醚甲环唑悬浮剂1 500倍液、70%代森联水分散粒剂600～800倍液、62.5%腈菌唑·锰锌1 000～1 500倍液、80%福美双·福美锌可湿性粉剂500～800倍液等，每隔7天喷1次，连喷3～4次，喷施时应喷雾均匀、周到。幼苗用药量要酌减。此外，为防止病原菌产生抗药性，要注意多种药剂交替使用。

黄瓜疫病

【症状】黄瓜苗期至成株期均可发生，发生部位包括叶片、茎秆、果实和根系，尤以茎蔓基部和幼嫩节部发病最重。苗期发病，初期常在幼嫩的生长点、嫩茎或嫩叶上产生暗绿色、水渍状斑，幼苗逐渐萎蔫成株染病，生长点及嫩叶边缘萎蔫、坏死、卷曲，病部有白色菌丝，俗称“白毛”（图6-44）。叶片染病产生圆形或不规则形水渍状大病斑，边缘不明显，扩展快，扩展到叶柄时叶片下垂、萎蔫。干燥时呈青白色，湿度大时病部有白色菌

图6-44　苗期症状

图6-45　叶片初期症状

图6-46　叶片病斑上有白色菌丝

图6-47　叶片下垂

图6-48　叶片枯萎

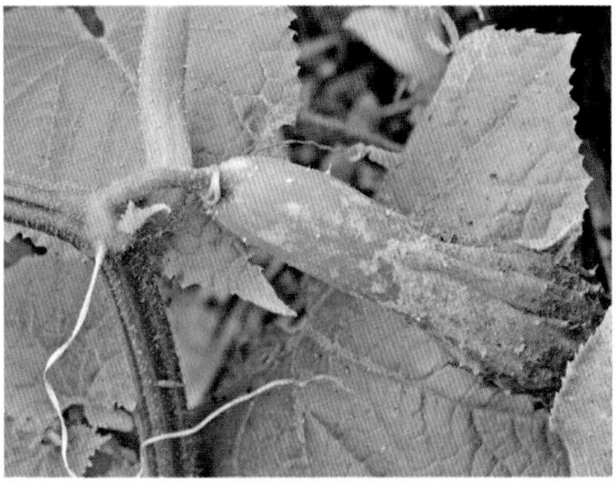

图6-49　瓜条症状

丝产生（图6-45至图6-48）。瓜条染病，形成水渍状暗绿色病斑，略凹陷，湿度大时，病部产生灰白色菌丝，菌丝较短，俗称“粉状霉”（图6-49）。病瓜逐渐软腐，有腥臭味。

【病原】 堀氏疫霉（*Phytophthora drechsleri*）属卵菌门疫霉属。在CA培养基上的菌落均一，具短绒毛状气生菌丝。菌丝体无色，无隔，自由分枝，老熟后具隔，粗4 ~ 7微米。菌丝膨大体球形或近球形，直径10 ~ 30微米。孢囊梗与菌丝无明显分化，或简单地假轴式分枝。在皮氏液中，孢子囊卵形至长卵形，不脱落，无乳突，大小为（24 ~ 80）微米 ×（20 ~ 40）微米，萌发时释放出游动孢子。

【发生规律】 黄瓜疫病是一种土传病害，病原菌以卵孢子随病残组织在土壤中越冬，卵孢子可在土壤中存活5年。翌年条件适宜时，病菌进行再侵染。病菌生长发育适温为28 ~ 32℃，高温多雨是病害流行的必要条件。地势低洼，地下水位高，浇水过多或排水不良的田块，常导致植株嫩弱，根系发育不良，抗病力下降，病害较重。

【防治方法】

（1）选用抗病品种　目前抗黄瓜疫病的品种有早青2号、中农2号、津杂3号等。

（2）嫁接防病　用黑籽南瓜作砧木与栽培黄瓜嫁接，其嫁接苗长势强，耐低温，能有效地减轻黄瓜疫病为害。

（3）合理轮作　因为病菌主要以卵孢子在土壤病残体中越冬，成为翌年病害的初侵染源，所以在茬口安排上，应避免重茬或与葫芦科蔬菜连作，实行与十字花科、豆科等蔬菜的轮作制度，2 ~ 3年轮作1次，可大大减轻植株感染病害的概率。

（4）种子消毒　在无病田或无病植株上留种，以避免种子带菌。播种前可用药剂消毒种子，如用25%甲霜灵可湿性粉剂800倍液、72%霜脲•锰锌可湿性粉剂800倍液，浸种20分钟，洗净后催芽播种；也可用上述药剂拌种，用药量为种子重量的0.4%。

（5）土壤消毒　选用无病土，如果在旧苗床上育苗，可选用72%霜脲•锰锌可湿性粉剂或25%甲霜灵可湿性粉剂，每平方米用药6 ~ 8克，加干细土2千克，充分拌匀后施入苗床内。

（6）药剂防治　发病初期要及时拔除中心病株，并立即施药防治。可选用50%甲霜铜可湿性粉剂500 ~ 600倍液，或72%霜脲•锰锌可湿性粉剂700倍液、

58%甲霜灵·锰锌可湿性粉剂500 ~ 600倍液、25%甲霜灵可湿性粉剂500 ~ 600倍液、80%代森锰锌可湿性粉剂400倍液，每隔5 ~ 7天喷1次，连喷3 ~ 4次。

黄瓜枯萎病

【症状】种子带菌，造成烂芽而不能出土；苗期发病子叶先变黄，幼苗顶端呈失水状、萎垂，茎基部缢缩、变褐，或呈立枯状（图6-50和图6-51）。成株期发病，一般在植株开花、结瓜前后表现症状，多从距地面较近的叶片开始（图6-52），发病初期病株叶片自下而上逐渐萎蔫，有时全株叶片萎蔫，有时半边正常半边萎蔫，有时中、上部叶片或侧蔓局部叶片萎蔫。萎蔫多在中午明显，早晚尚能恢复，反复几次后整株叶片枯萎、下垂，不能再恢复，4 ~ 5天后枯死。病株的根系发育较差，须根较少、变褐腐烂、易拔起。病害逐渐由根部向上扩展，茎基部发病初呈水渍状、软化缢缩，后逐渐干枯，常纵裂，表面产生粉红色的胶状物，剖开病茎可见维管束变色；湿度大时，茎基部的表面常产生白色或粉红色的霉层（图6-53至图6-56）。

图6-50　幼苗萎蔫

图6-51　茎部变褐

图6-52　近地面叶片枯萎

图6-53　茎基部症状

图6-54　茎基部纵裂、维管束变褐

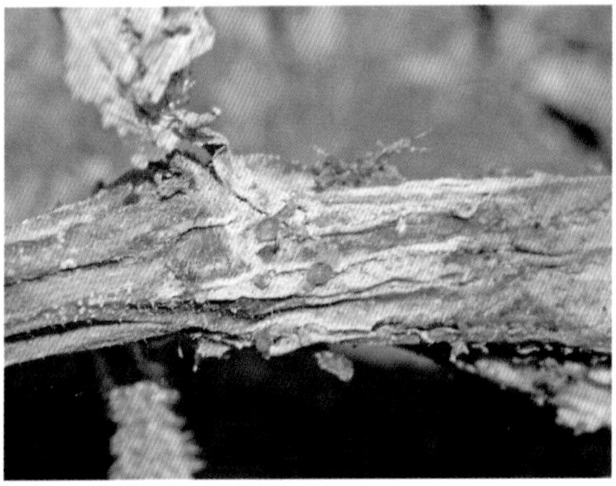

图6-55　粉红色胶状物

图6-56　白色霉层

【病原】 尖镰孢黄瓜专化型（*Fusarium oxysporum* f. sp. *cucumerinum*）属于子囊菌无性型镰孢属真菌。尖镰孢在PDA培养基上的菌落呈浅橙红色、淡紫色或蓝色；气生菌丝白色，棉絮状；有大小两种类型的分生孢子，大型分生孢子无色，镰刀形，具1～5个隔膜，多数为3个隔膜；小型分生孢子无色，长椭圆形，单胞或偶有双胞；厚垣孢子顶生或间生，圆形，淡黄色（图6-57）。

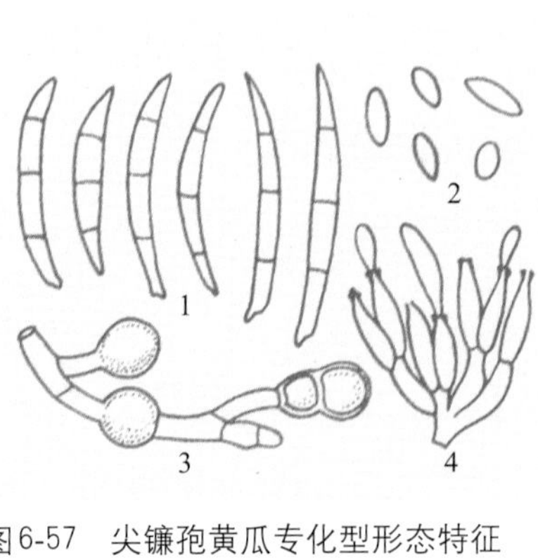

图6-57　尖镰孢黄瓜专化型形态特征
1.大型分生孢子　2.小型分生孢子
3.厚垣孢子　4.分生孢子梗

【发生规律】 枯萎病是一种土传病害，病菌主要借土壤、粪肥、雨水、灌溉水、农具、地下害虫、土壤线虫或种子等传播和扩散。病菌存活能力强，在土壤中能存活5～6年。病菌以菌丝体、厚垣孢子随病残体在土壤和未腐熟的有机肥中越冬，也可以种子带菌越冬，越冬菌体成为第二年病害的初侵染源。病菌从根部伤口及根毛顶端细胞间侵入，后进入维管束，在导管内发育、生长和蔓延，堵塞导管或产生毒素引起植株中毒而萎蔫死亡，病菌随病残体重新进入土壤。该菌还可通过导管从病茎向果梗蔓延到达果实，病菌进入果实后再随果实腐烂扩展到种子上，从而导致种子带菌。病菌易从植株的伤口侵入。

【防治方法】

（1）选用抗病品种　目前抗黄瓜枯萎病的品种有津研6号、津杂2号、济优14、中农116、津优308等，应因地制宜选择品种。

（2）合理轮作　发病严重地块，宜与非葫芦科蔬菜轮作5年以上，如与玉米、大豆等作物轮作，也可与葱属植物轮作或混植。有条件的地方实行水旱轮作效果最好，能够大大减少土壤中枯萎病菌的数量，显著减轻病害的发生。

（3）与抗性砧木嫁接　利用黄瓜枯萎病菌不侵染南瓜的特性，可以用黑籽南瓜（主要是云南黑籽南瓜）作砧木，与黄瓜嫁接。

温馨提示

定植黄瓜等嫁接苗时，特别需注意在嫁接口以下埋土，避免土壤接触接口，防止病菌从嫁接口侵入，从而导致嫁接苗发病。

（4）药剂灌根　苗期预防，可用25%咯菌腈悬浮剂2 000 ～ 4 000倍液进行苗床灌根和移栽时灌根，每667米^{2}用药250 ～ 300千克；或在定植7天后，用高锰酸钾800 ～ 1 000倍液灌根，每株灌药液100毫升，每隔7天灌1次，共灌3次。发病初期防治，可选用50%多菌灵可湿性粉剂500倍液，或20%噻菌铜悬浮剂500 ～ 600倍液等进行灌根，每穴灌300 ～ 500毫升药液，每隔5 ～ 7天灌1次，连灌2 ～ 3次，注意病株周围2米^{2}内的植株都应灌药。还可用50%多菌灵可湿性粉剂或70%甲基硫菌灵可湿性粉剂加少量水制成糊状，涂抹在病部，每7 ～ 10天涂1次，连涂2 ～ 3次。

黄瓜蔓枯病

【症状】该病在黄瓜各生育期均可发生，以生长中后期发病较重。幼苗茎基部发病后，引起幼芽、叶片萎蔫，腐烂和全株枯萎。该病主要为害茎蔓，一般从茎蔓基部分枝处开始发病。病斑初为水渍状，稍凹陷，扩展后呈椭圆形或梭形，其上密生小黑点，病部龟裂，并分泌琥珀色胶状物，表皮纵裂脱落，后期干缩露出维管束，呈乱麻状（图6-58和图6-59）。茎节部也易发病，产生黄褐色病斑，后软化、变黑，密生小黑点，也流出胶质物（图6-60）。叶片病害多从靠近叶柄附近或叶缘开始发生，形成V形或半圆形或不规则形的褐色大斑，病斑有不明显的同心轮纹，后期产生黑色小粒点，病斑连接后易干枯破裂（图6-61和图6-62）。叶部病斑和卷须病斑往往引起茎节部发病。干燥气候条件下产生的病斑有明显的轮纹，而多雨或高湿条件下则轮纹不明显或无轮纹。叶柄染病呈水渍状腐烂，后期病斑上产生许多小黑点，干缩倒折、下垂枯死。

图6-58 茎蔓分枝处症状

图6-59 纵裂且具琥珀色胶状物

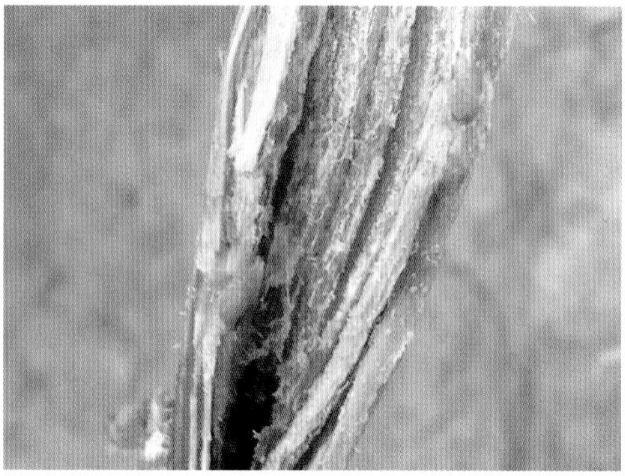
图6-60 茎节症状

图6-61 叶缘初期症状

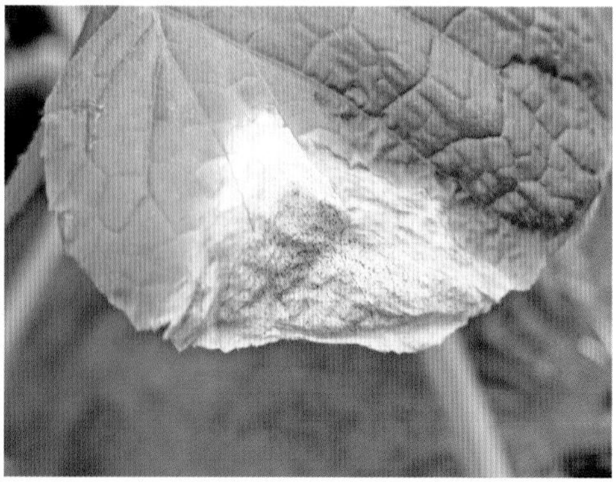
图6-62 V形病斑及黑色小粒点

瓜条发病，产生黄色褪绿斑，后期有时凹陷，呈褐色，瓜条畸形弯曲，有时溢出琥珀色胶状物（图6-63）。

图6-63　瓜条发病

【病原】常见的为无性型真菌黄瓜壳二孢子（*Ascochyta cucumeris*）和西瓜壳二孢（*Ascochyta citrullina*），分生孢子短圆至圆柱形，无色透明，两端较圆，初为单胞，后生一隔膜，隔膜处有缢缩或弯曲，大小（6 ～ 10）微米 ×（20 ～ 50）微米（图6-64）。分生孢子器扁球形，淡褐色，顶部呈乳状突起，器孔口明显（图6-65）。

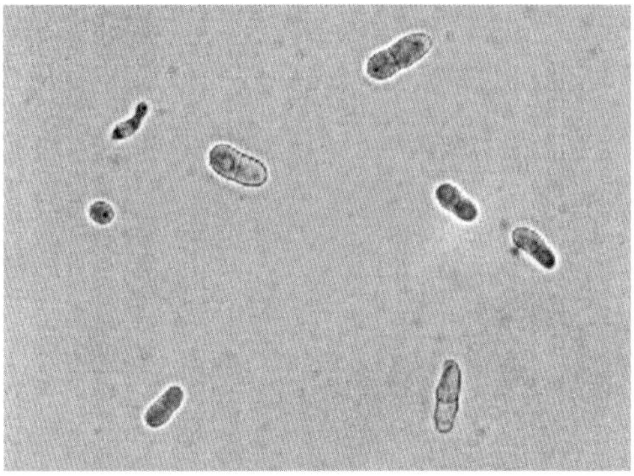

图6-64　分生孢子

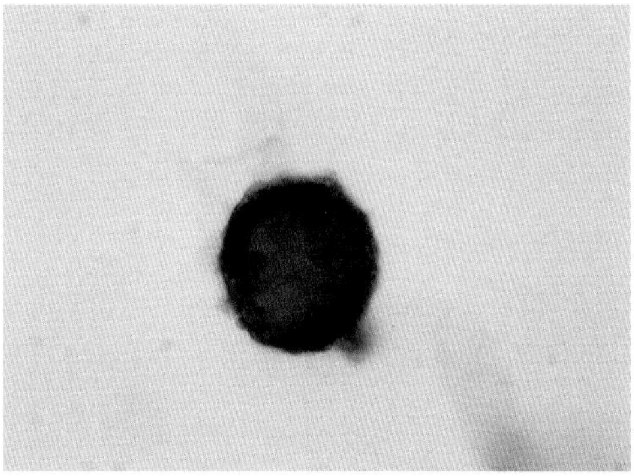

图6-65　分生孢子器

【发病规律】病原菌以分生孢子器和假囊壳随病株残体在地表、土壤里或棚架上越冬。田间病残体和带菌种子是田间病害的主要初侵染来源。种子带菌引致幼苗期子叶发病，病苗移栽到大棚后，病害继续传播蔓延。翌年条件适宜时，越冬病株残体上的分生孢子萌发后从寄主的茎节间、叶片和叶缘的气孔、水孔或伤口侵入，进行初侵染，产生新病株，病斑上可产生大量的分生孢子，通过雨水、灌溉水气流或农事操作等传播方式再侵染。温室的条件往往比较适宜发病，病害潜育期通常为7天左右。

【防治方法】

（1）种子处理　选留无病种子，对可疑的种子，在播种前用药剂进行消毒处理，可选用50%多菌灵可湿性粉剂500倍液浸种30分钟，或用50%福美双可湿性粉剂按种子重量的0.3%拌种。田间病害发生初期及时拔除病株或剪除病枝病果，消灭发病中心，减少再侵染。

（2）合理轮作　选择排水良好的高燥地块种植，特别是避免葫芦科蔬菜连作，而与非葫芦科作物轮作2～3年，以消除和减少田间侵染菌源。

（3）药剂防治　由于植株中下部茎蔓及叶片发病较重，要重点喷施。发病初期可喷10%苯醚甲环唑水分散粒剂1 000～1 500倍液、60%吡唑醚菌酯•代森联水分散粒剂1 000倍液、20.67%氟硅唑•噁唑菌酮乳油2 000～3 000倍液、32.5%嘧菌酯•苯醚甲环唑悬浮剂1 000倍液、10%苯醚甲环唑水分散粒剂5 000倍液、75%百菌清可湿性粉剂600倍液，或70%甲基硫菌灵可湿性粉剂600倍液，间隔5～7天喷施1次，连续用药2～3次。注意药剂要交替使用。对于发病严重的茎蔓，可用毛笔蘸10%苯醚甲环唑水分散粒剂200倍液涂抹病斑部分，尤其对流胶处伤口愈合有促进作用。

黄瓜菌核病

【症状】苗期和成株期均可受害，主要发生在茎基部和果实，但也可为害茎蔓和叶片。茎部发病部位软腐，上面长出密集的白色菌丝（图6-66），有时会伴随流胶现象，最后整株枯死。果实发病后产生密集的白色菌丝，有时在果实顶部残花处产生大量胶状物（图6-67），后期菌丝在果实表面纠结成黑色菌核（图6-68）。发病前期上部叶片在正午前后表现萎蔫，早晚能恢复，发病后期不能恢复。前期在叶片上形成不受叶脉限制的不规则形病斑，病斑黄褐色，病斑进一步扩展，在中央形成穿孔，病斑正面呈黄褐色，边缘黑褐色，背面变浅灰色；发病后期在叶片中央形成大型不规则穿孔，整个叶片似水烫状，湿度大时叶片上产生密集的白色菌丝，菌丝两面生，以叶背为主，有时可在叶片边缘形成V形病斑（图6-69）。

图6-66　茎部症状

图6-67　瓜条顶部流胶症状

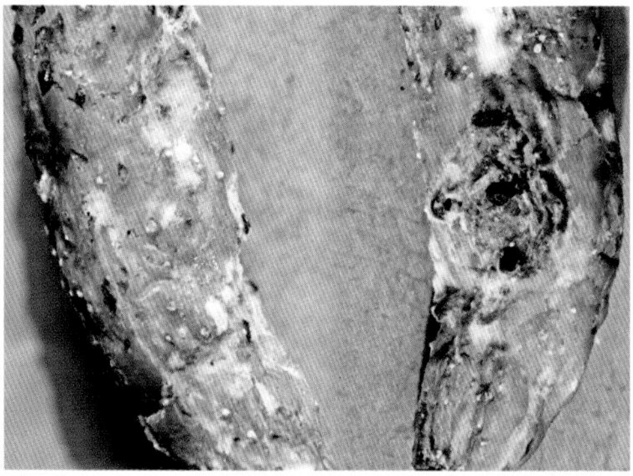
图6-68　瓜条上的黑色菌核

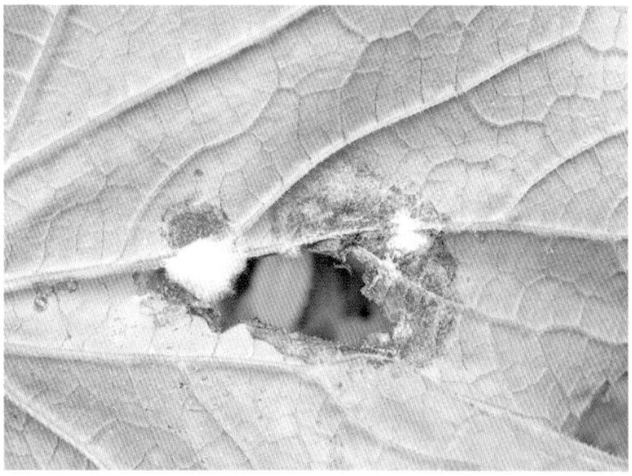
图6-69　湿度大时叶片背面的白色菌丝

【病原】核盘菌（*Sclerotinia sclerotiorum*）属于子囊菌门核盘菌属真菌。菌核黑色，鼠粪状或不规则状。菌丝具有明显的分枝和较多的隔膜，不产生无性孢子。在适宜的温度条件下，菌核萌发产生子囊盘（图6-70），子囊盘盘状，中央凹陷，具柄，盘下层为交错的菌丝，上着生近圆柱形的子囊，每个子囊有8个子囊孢子，子囊孢子椭圆形至近梭形，单胞。

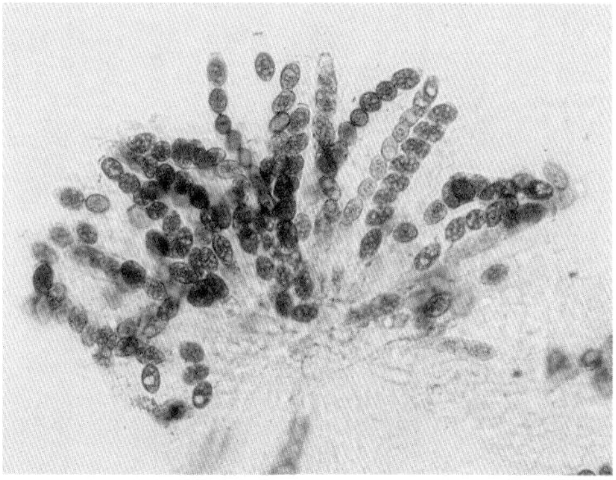
图6-70　子囊盘

【发生规律】病原主要以菌核在土壤、病残体和种子中越冬和越夏。在高于5℃和土壤潮湿的条件下，土壤中的菌核萌发产生子囊盘。子囊盘产生的子囊孢子被喷射至空气中，随之飘落在黄瓜植株上，由此引起瓜条、叶片和茎蔓的腐烂。在发病后期，病部表面或内部可形成黑色菌核。成熟菌核随病残体进入土壤，或在收获时混在种子中，成为下茬田间病害的菌源。连作地、低湿地或偏施氮肥的植株易发病。

【防治方法】

（1）种子消毒　用10%～15%的盐水或硫酸铵水溶液漂洗种子后，再用55℃的温水浸种10～15分钟，然后催芽播种，可以有效地降低种子带菌率。

（2）适时轮作　重病地区或田块应实行轮作，最好水旱轮作。在难于轮作时，至少应于收获后深翻（30厘米以上）土壤，把表土中的菌核深埋，使子囊盘难于出土。

（3）**药剂防治** 应及时清除中心病株，并进行药剂防治。药剂喷施部位主要是瓜条顶部残花以及茎部、叶片和叶柄。在发病初期，可选用50%多霉威可湿性粉剂1 000倍液或50%咪鲜胺可湿性粉剂1 500倍液喷施植株茎基部、老叶和地面，能有效防止初侵染。黄瓜生长中后期可用50%腐霉利可湿性粉剂1 000倍液进行喷雾，每隔1天喷施1次；也可用50%乙烯菌核利干悬浮剂1 000倍液进行喷雾，每隔4天喷1次，连续喷2 ～ 3次。还可以选择的药剂有50%福•异菌可湿性粉剂500 ～ 1 000倍液、50%多•腐可湿性粉剂1 000倍液、50%百•菌核可湿性粉剂750倍液。

黄瓜细菌性角斑病

34

【症状】黄瓜细菌性角斑病在苗期和成株期均可发病，以成株期叶片受害为主。还可为害叶片、叶柄、卷须，侵染茎蔓和果实。苗期子叶发病，初期在子叶上产生水渍状近圆形斑，略呈黄褐色，后逐渐干枯，最终导致幼苗干枯死亡。成株期叶片感病初呈水渍状小斑点，病斑褪绿变黄，进一步扩展逐渐发展成为近圆形或不规则病斑，病斑淡黄色，边缘褪绿，湿度大时叶背会形成白色黏液，后期随着病情扩展形成受叶脉限制的多角形病斑，灰白色，湿度大时叶背溢出乳白色菌脓，干燥后呈白色粉末状，后期干燥时易造成病斑穿孔（图6-71至图6-73）。茎、叶柄、卷须被感染时初呈水渍状，湿度大时可见菌脓溢出，干燥后表层有白痕，严重时纵向开裂腐烂（图6-74），干枯变褐。茎部被感染时水分和营养物质运输受阻，植株逐渐萎蔫，最终整株枯萎死亡。瓜条受害时侵染点出现水渍状小圆点，干燥条件下呈凹陷状，扩展后病

图6-71 叶片正面病斑

图6-72 叶片背面病斑

斑连成片且不规则，呈黄褐色，湿度大时有菌脓溢出，最终导致瓜条腐烂、发臭（图6-75和图6-76）。

图6-73　叶背面形成白色粉状物

图6-74　茎部纵列

图6-75　瓜条凹陷病斑

图6-76　瓜条上有菌脓溢出

【病原】 丁香假单胞菌流泪致病变种（*Pseudomonas syringae* pv. *lachrymans*），属薄壁菌门假单胞菌属，细菌。菌体呈短杆状，具1 ~ 5根单极生鞭毛，有荚膜，无芽孢，革兰氏染色阴性。

【发病规律】 病原菌主要是在种子内、外部或随病残体在土壤中越冬，成为翌年初侵染的主要来源，还可以在其他植物体上越冬。空气湿度较大时，病叶、病果、病茎上会有菌脓溢出，当遇到雨天或进行灌溉时，病原菌会随雨水或灌溉水从发病植株传播到健康植株，并通过气孔、水孔或伤口侵入，引起再次侵染。昆虫取食病组织后，病原菌会黏附在昆虫的口针、躯体或四肢上，昆虫再次取食时，会将病原菌带到健康植株叶片上，并通过伤口或其他自然孔口进行侵染。工作人员进行农事操作时，病原菌会黏附在操作人员的手、衣物及鞋、操作工具上，并随着操作人员的整枝打杈等过程进行传播。高温高湿及连作地、昼夜温差大或雾露重且持续时间长易造成病害的发生和流行。

【防治方法】

（1）**选用抗病品种** 因地制宜选用抗病品种，目前栽培上抗黄瓜细菌性角斑病的品种有金满田黄瓜、绿丰园8号青瓜、新津春4等。

（2）**加强田间管理** 避免在早晨叶片湿度大、露水多时进行整枝打杈、果实采摘等农事操作，防止病原菌随操作人员或操作工具进行传播。及时摘除病株的下部老叶、黄叶、病叶等，清洁田园，及时拔除病株和附近的植株，将病残体集中焚烧或深埋。

（3）**种子处理** 将种子在浓度为33克/升的丙酸钙水溶液或酒石酸中浸泡20分钟，或用50克/升的醋酸铜溶液处理种子20分钟，可有效杀死种子表面的病原菌，且不影响种子的出芽率。

（4）**药剂处理** 发病前期或初期喷施3%中生菌素可湿性粉剂800 ～ 1 000倍液，或2%春雷霉素水剂500倍液、50%琥胶肥酸铜可湿性粉剂500倍液，每隔5 ～ 7天喷1次，连续使用3 ～ 4次，可以明显抑制病害的发生和发展，重病田根据病情，必要时还要增加喷药次数。病害发生初期也可喷施41%乙蒜素乳油，每667米^{2}施用28.7 ～ 32.7克，每隔7 ～ 10天施药1次，共施3次。

黄瓜病毒病

图6-77 花 叶

【症状及病原】

（1）**花叶** 由黄瓜花叶病毒（CMV）引起。叶片或果实呈花脸状，有些部位绿色变浅。有的不仅花叶，同时也黄化，成黄花叶。病害严重时，叶片畸形，成鞋带状、鸡爪状，也称蕨叶（图6-77）。果实感病常常表现为果面凹凸不平，严重时呈现畸形瓜。葫芦科蔬菜染病愈早，症状愈重，甚至于造成植株矮缩，结瓜少、小或不结瓜。

（2）绿斑驳花叶　由黄瓜绿斑驳花叶病毒（CGMMV）引起。黄瓜受害后，最初新叶出现黄色小斑点，后叶片逐渐呈不均匀花叶、斑驳，随着病情的进一步发展，叶片产生浓绿色的泡状突起（图6-78），叶肉组织褪色，叶脉呈绿带状，病叶畸形，植株矮化，结瓜延迟；瓜条的大部分表面黄化或变白，并产生墨绿色水泡状的坏死斑，轻者产量损失，重者导致绝产（图6-79）。

图6-78　叶片上有泡状突起

图6-79　瓜条症状

（3）黄化　由瓜类蚜传黄化病毒（CABYV）引起。其典型症状为病叶褪绿黄化。开始时，叶片黄化，但仍能看见保持绿色的叶肉组织，后逐渐发展为全叶黄化、增厚、变脆、变硬。病叶的叶脉不黄化，始终保持为绿色。通常由植株中、下部叶片开始发病，逐渐向上发展至全株，而新叶常无症状。

【发病规律】在多种葫芦科作物和某些多年生杂草宿根上越冬，也可在温暖地区或温室内的病株上越冬。第二年春天，不同病毒通过不同方式传播，如蚜虫、烟粉虱等，或汁液接触，或带毒种子及带毒土壤等。

【防治方法】

（1）加强检疫　黄瓜绿斑驳花叶病毒是我国检疫性病毒，加强检疫是阻隔该病害大量发生和大区域传播的重要途径。

（2）选用抗病品种　我国有些黄瓜品种在田间的病毒病发生较轻，特别是比较抗黄瓜花叶病毒，如长春密刺、中农18、中农106、京旭2号、津春4号、津优401、春秋大丰等。

（3）种子处理　种子干热处理是防治黄瓜绿斑驳花叶病毒的关键措施，种子在72℃干热处理72h，可以有效降低病毒病尤其是黄瓜绿斑驳花叶病毒病的发生，但需要严格控制温度，而且要求消毒设备内部的通风良好。根据韩国的经验，种子依次经过35℃ 24小时、50℃ 24小时和72℃ 72小时的处理，然后逐渐降温至35℃以下处理24小时，防病效果较好。

（4）防治传毒昆虫　设置防虫网是防蚜最简单有效的措施，覆盖50 ~ 60目的防虫网，以阻止或减少蚜虫、烟粉虱等传毒介体进入大棚与温室内；覆盖银灰色薄膜悬挂黄色黏虫板也可有效地驱避蚜虫；在葫芦科蔬菜田里套种玉米、高粱等高秆作物，能起到隔离作用。

（5）药剂防治　喷施20%盐酸吗啉胍•铜可湿性粉剂500 ~ 800倍液，或1.5%三十烷醇+硫酸铜+十二烷基硫酸钠乳剂1 000 ~ 1 200倍液；或新型生物制剂如0.5%菇类蛋白多糖水剂200 ~ 300倍液、2%氨基寡糖素水剂300 ~ 400倍液、2%宁南霉素水剂250倍液、4%博联生物菌素水剂200 ~ 300倍液，可在一定程度上减轻为害。

黄瓜根结线虫病

【症状】根结线虫病主要为害植株根部，形成大小不一的根结，破坏根部输导系统，影响根系的水肥吸收和养分的传导，同时根结线虫的侵染导致植株易感染枯萎病等根部的其他病害。初发病时根结色浅，呈白色，严重时根结呈串珠状（图6-80），后期逐渐变成淡褐色，使整个根系变粗。随着为害加重，根系逐渐腐烂，最后根系完全腐烂。黄瓜被侵染后，地上部分也有明显的异常表现。重者地上部分生长迟缓，植株矮小，叶片发黄，长势衰弱似缺水缺肥状，生长发育不良。有的植株叶片瘦小皱缩，开花迟，甚至不开花，结果少而小。中午气温高时，植株呈萎蔫状，早晚气温低或浇水充足时，暂时萎蔫的植株又恢复正常，随着病情加重，这种暂时萎蔫渐渐不能恢复正常，最终植株萎蔫、枯死。

图6-80　根部症状

【病原】南方根结线虫（*Meloidogyne incognita*），雌、雄成虫异形。雄成虫线形，而雌成虫梨形。雌成虫长0.5 ~ 0.8毫米，卵块在雌成虫膨大部分形成并排出到体外后部。雄成虫长0.8毫米，宽0.04毫米，但不常见。雌成虫固定寄生于寄主组织内，虫体乳白色，中食道球发达，口针发育良好，具有的独特会阴花纹是线虫分类的重要依据。会阴花纹背弓明显高，背弓线纹平滑至波

图6-81　南方根结线虫

浪形，在侧面一些线纹具有分叉，无明显侧线（图6-81）。

【发生规律】初侵染源主要是病土、病苗中的卵块或是二龄幼虫。播在田间主要依靠带虫土、病残体、农具携带传播，也可通过流水传播土中线虫，幼虫一般从嫩根部位侵入。幼虫侵入前，能作短距离移动，速度很慢，故该病不会在短期内大面积发生和流行。幼虫侵入后，能刺激根部细胞增生，形成根肿瘤。根结线虫主要分布在5 ～ 25厘米表土层，3 ～ 10厘米最多。地势高燥、疏松、透气的沙质土壤发病重；碱性或酸性土壤不利于发病；土壤潮湿、黏重时，发病轻或不发病。如果土壤墒情适中，通透气又好，线虫可以反复为害。重茬次数较多的田块发病重。

【防治方法】

（1）选用无线虫的种苗　选用未发生根结线虫病的土壤或是两年以上的稻田土壤作为苗床土。在工厂化育苗中，对营养基质进行高温灭菌，可有效地防止根结线虫病害的发生及传播。

（2）合理轮作　发生严重的田块可以与水稻育苗田进行两年以上的轮作，防治效果很好。

（3）药剂防治

① 98%棉隆颗粒剂：先深翻土壤约30厘米深，再耙平，并保持土壤湿润（湿度以手捏土能成团，1米高度掉地后能散开为标准）。每公顷撒施或沟施98%棉隆颗粒剂75 ～ 105千克，施药深度不低于20厘米，以25 ～ 30厘米为宜，撒施后马上用旋耕机混匀土壤，然后迅速覆盖无透膜，从开始旋耕到盖膜结束最好在2 ～ 3小时内完成，减少有效成分挥发。覆膜后，密封消毒12 ～ 20天，不得少于12天，揭膜后，松土30厘米，并透气一周以上，再取土以甘蓝或其他易发芽种子做安全发芽试验，安全后才可再进行播种育苗。

② 1.8%阿维菌素乳油：应于播种或定植前施药，每平方米用1.8%阿维菌素乳油1 ～ 1.5毫升，2 000 ～ 3 000倍液，均匀地喷洒到土表，并立即耙入15 ～ 20厘米的耕作层，充分拌匀后播种或定植；药液也可沟施或穴施，浅覆土后播种或定植。阿维菌素见光易分解，不可长时间暴露。植株生长期间施药，可用1 000 ～ 1 500倍液灌根，每株灌250毫升。

③30%威百亩水剂：播种或移栽前的17～18天，当温度达15℃以上时，开沟深16～23厘米，沟距24～33厘米，每667米^{2}用药剂4～5千克，与300～500千克土混匀后，均匀地施于沟内，随即盖土压实，并覆盖地膜，15天后揭膜，翻耕透气2～3天后即可。

（二）虫害

温室白粉虱

【分类地位】 温室白粉虱[*Trialeurodes vaporariorum* (Westwood)]又称温室粉虱，其成虫俗称小白蛾，属半翅目粉虱科蜡粉虱属。温室白粉虱是多食性害虫，世界已记录的寄主植物达121科898种（含39变种）。

【为害特点】 以成虫和若虫在叶脊刺吸为害，被害叶片褪绿、变黄、萎蔫，甚至全株死亡（图6-82至图6-85）。此外，温室白粉虱还可分泌蜜露，引起煤污病，且可传播病毒病。

图6-82　成虫叶背刺吸为害

图6-83　若虫叶背刺吸为害

图6-84　受害叶片形成的黄斑

图6-85　植株被害状

【形态特征】 温室白粉虱属渐变态，若虫分4个龄期，四龄末期称为伪蛹。

成虫：1～1.5毫米，淡黄色。翅膜质被白色蜡粉。头部触角7节、较短，各节之间都是由一个小瘤连接。口器刺吸式，复眼肾形，红色。翅脉简单，前翅脉一条，中部多分叉，沿翅外缘有一排小颗粒，停息时双翅在体背合拢呈屋脊状但较平展，翅端半圆状遮住整个腹部。

卵：长0.22～0.24毫米，宽0.06～0.09毫米，长椭圆形，被蜡粉。初产时为淡绿色，微覆蜡粉，从顶部开始向卵柄渐变黑褐色，孵化前紫黑色，具光泽，可透见2个红色眼点。

若虫：老龄若虫椭圆形，边缘较厚，体缘有蜡丝。

伪蛹（四龄若虫末期）：长0.7～0.8毫米，椭圆形，边缘较厚，体似蛋糕状，周缘有发亮的细小蜡丝，体背常有5～8对长短不齐的蜡质丝。伪蛹的特征是粉虱类昆虫分类、定种的最重要形态学依据。

【防治方法】 由于温室白粉虱虫口密度大，繁殖速度快，可在温室、露地间迁飞，药剂防治十分困难，也没有十分有效的特效药。但有几种行之有效的生态防治方法。

（1）覆盖防虫网　每年5～10月，在温室、大棚的通风口覆盖防虫网，阻挡外界白粉虱进入温室，并用药剂杀灭温室内的白粉虱，纱网密度以50目为好，比家庭用的普通窗纱网眼要小。

（2）黄板诱杀　常年悬挂在设施中，可以大大降低虫口密度，再辅助以药剂防治，基本可以消灭白粉虱。

（3）频振式杀虫灯诱杀　该装置以电或太阳能为能源，利用害虫较强的趋光、趋波等特性，将光的波长、波段、频率设定在特定范围内，诱集害虫，灯外配以频振式高压电网触杀，使害虫落入灯下的接虫袋内，达到杀虫目的（图6-86）。

（4）释放天敌　棚室栽培可以放养赤眼蜂（图6-87）、丽蚜小蜂防治粉虱，还可兼防蚜虫等。

（5）药剂防治　可用2.5%溴氰菊酯乳油2 000～3 000倍液，或1.8%阿维菌素乳油2 000～3 000倍液、10%吡虫啉可湿性粉剂4 000～5 000倍液、15%哒螨灵乳油2 500～3 500倍液、20%多灭威乳油2 000～2 500倍液、4.5%高效氯氰菊酯乳油3 000～3 500倍液等喷雾防治。在保护地内选用1%溴氰菊酯烟剂或2.5%杀灭菊酯烟剂，效果也很好。

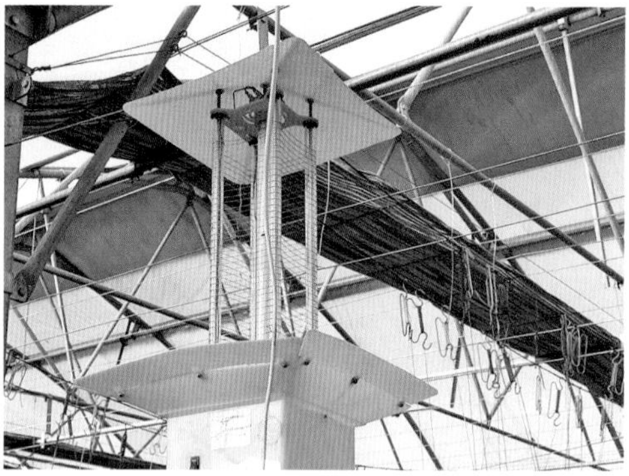
图6-86 频振式杀虫灯

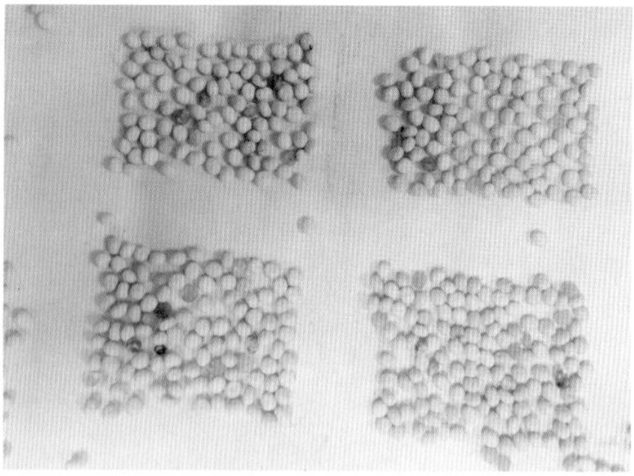
图6-87 赤眼蜂卵卡

烟粉虱

【分类地位】烟粉虱[*Bemisia tabaci*（Gennadius）]属半翅目粉虱科小粉虱属。烟粉虱是一种世界性分布的害虫，除了南极洲外，在其他各大洲均有分布。烟粉虱的寄主植物范围广泛，是一种多食性害虫。

【为害特点】该虫可以通过直接吸食植物汁液为害寄主，还可以通过分泌蜜露及传播植物病毒的方式造成间接危害。烟粉虱分泌的蜜露，可诱发煤污病，影响光合作用。

【形态特征】烟粉虱属渐变态，虫体发育分成虫、卵、若虫3个阶段，若虫分4个龄期，四龄末期称为伪蛹。

图6-88 成 虫

成虫：雌性与雄性个体的体长略有差异，雌虫体长约0.91毫米，雄虫体长约0.85毫米。成虫体色淡黄，翅被白色蜡粉，无斑点。触角7节，复眼黑红色，分上下两部分并由一单眼连接。前翅纵脉2条，前翅脉不分叉；后翅纵脉1条。静止时左右翅合拢呈屋脊状。跗节2爪，中垫狭长如叶片。雌虫尾部尖形，雄虫呈钳状（图6-88）。

卵：椭圆形，约0.2毫米，顶部尖，端部有卵柄，卵柄插入叶表裂缝中，产时为白色或淡黄绿色，随着发育时间的推移颜色逐渐加深，孵化前变为深褐色。

若虫：稍短小，淡绿色至黄色，腹部平，背部微隆起，体缘分泌蜡质，帮助其附着在叶片上。

伪蛹：长0.6 ~ 0.9毫米，体椭圆形，扁平，黄色或橙黄色。

温馨提示

温室白粉虱雌雄成虫均比烟粉虱大，温室白粉虱成虫两翅合拢时，平覆在腹部上，通常腹部被遮盖。烟粉虱，两翅合拢时，呈屋脊状，通常两翅中间可见到黄色的腹部。温室白粉虱雄虫腹末面中央的黑褐色阳具明显（图6-89）。

图6-89　成虫对比（左：温室白粉虱；右：烟粉虱）

【生活史及习性】烟粉虱在热带、亚热带及相邻的温带地区，1年发生11 ~ 15代，世代重叠。在我国华南地区，1年发生15代。在温暖地区，烟粉虱一般在杂草和花卉上越冬；在寒冷地区，在温室内作物和杂草上越冬，春季末迁到蔬菜、花卉等植物上为害。一龄若虫有足和触角，一般在叶片上爬行几厘米寻找合适的取食点，在叶背面将口针插入到韧皮部取食汁液。从二龄起，足及触角退化，营固定生活。成虫具有趋光性和趋嫩性，群居于叶片背面取食，中午高温时活跃，早晨和晚上活动少，飞行范围较小，可借助风或气流作长距离迁移。烟粉虱成虫可两性生殖，也可产雄孤雌生殖。

【防治方法】参照温室白粉虱。

瓜蚜

【分类地位】 瓜蚜[*Aphis gossypii*（Glover）]又名棉蚜，属半翅目蚜科蚜属。据报道，世界上瓜蚜的寄主植物有700种之多。

36

【为害特点】 成虫和若虫多群集在叶背、嫩茎、嫩果和嫩梢刺吸汁液（图6-90和图6-91）。嫩叶及生长点被害后，叶片卷缩，生长停滞，甚至全株萎蔫死亡；老叶受害时不卷缩，但提前干枯。蚜虫为害还可引起煤烟病，影响光合作用，更重要的是可传播病毒病，植株出现花叶、畸形（图6-92）、矮化等症状，受害株早衰。

图6-90　叶部被害

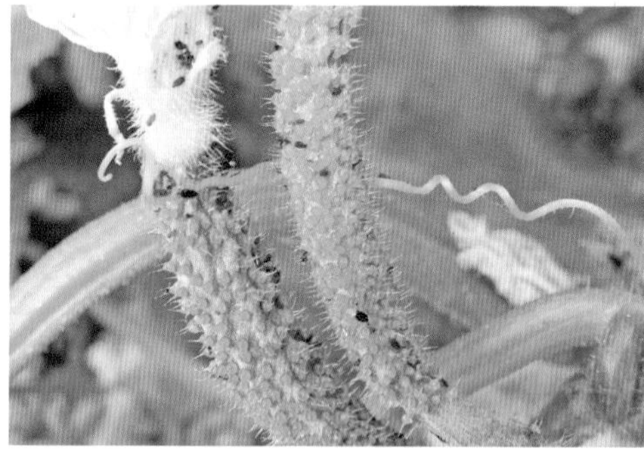
图6-91　瓜条被害

图6-92　叶片畸形

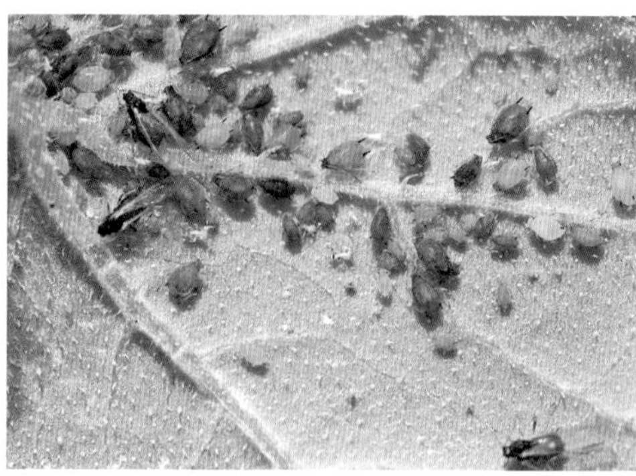
图6-93　棉　蚜

【形态特征】 无翅雌蚜体长1.5～1.9毫米，绿色，体表常有霉状薄蜡粉。雄蚜体长1.3～1.9毫米，狭长卵形，有翅，绿色、灰黄色或赤褐色。有翅胎生雌蚜体长1.2～1.9毫米，有翅2对，黄色、浅绿色或深绿色，头胸大部为黑色。若蚜形如成蚜，复眼红色，体被蜡粉，有翅若蚜二龄现翅芽。卵大多为椭圆、黑色（图6-93）。

【生活史及习性】在我国瓜蚜一般每年发生10～30代，其中，华北地区约10代，长江流域20～30代。以卵在越冬寄主上或以成蚜、若蚜在温室内蔬菜上越冬或继续繁殖。春季气温达6℃以上开始活动，在越冬寄主上繁殖2～3代后，于4月底产生有翅蚜迁飞到露地蔬菜上繁殖为害，直至秋末冬初又产生有翅蚜迁入保护地，可产生雄蚜与雌蚜交配产卵越冬。春、秋季10余天完成1代，夏季4～5天1代，每雌可产若蚜60余头。繁殖的适温为16～20℃，北方超过25℃、南方超过27℃、相对湿度达75%以上，不利于瓜蚜繁殖。北方露地以6月至7月中旬虫口密度最大，为害最重。7月中旬以后，因高温、高湿和降雨冲刷，不利于瓜蚜生长发育，为害程度也减轻。通常，窝风地受害重于通风地。密度大或营养条件恶化时，产生大量有翅蚜并迁飞扩散。

【防治方法】

(1) 保护和利用天敌　捕食性天敌有瓢虫、草蛉、食蚜蝇、食蚜瘿蚊、食蚜螨、花蝽、猎蝽、姬蝽等（图6-94至图6-96）。还有菌类如蚜霉菌等。研究显示，按中华通草蛉与瓜蚜1：5的比例，将草蛉释放到田间，12天便可以控制瓜蚜为害；按照1：50的比例释放瓢虫，对秋葵上的瓜蚜控制效果达到99%。

图6-94　草蛉成虫

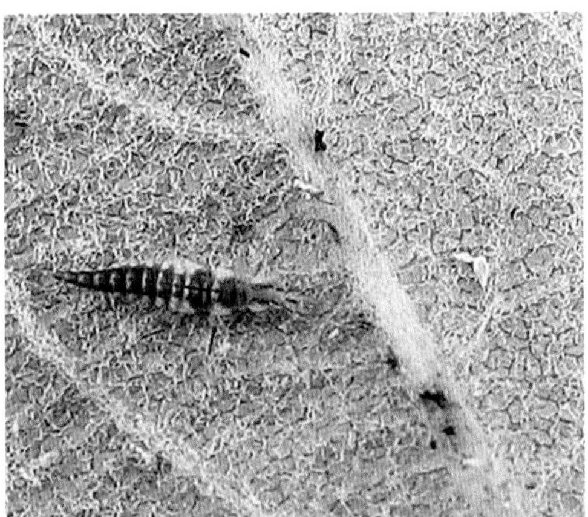

图6-95　草蛉幼虫

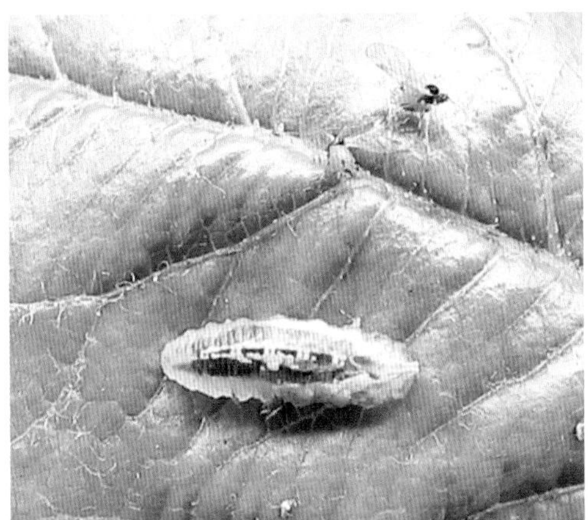

图6-96　食蚜蝇幼虫

(2) 黄板诱杀 瓜蚜有趋黄色的习性，因此在有翅蚜大发生前，提前于田间或保护地内在高于植株20厘米左右处，设置30厘米×50厘米黄色诱集板，在板上涂10号机油，并且在温室内侧距出口较远处增加放置密度，每667米^{2}设32 ～ 34块，每7 ～ 10天涂机油1次，或选用市售黄色诱集板，可有效减少瓜蚜发生数量（图6-97）。

图6-97 悬挂黄板

(3) 银膜覆盖 银灰色对蚜虫有驱避作用，利用这一特性，在田间或棚内用银灰色薄膜代替普通地膜进行覆盖，或者在其周围每隔一定距离悬挂一条10 ～ 15厘米宽的银灰色带子。

(4) 燃放烟剂 适合在保护地内防蚜，每667米^{2}用10%氰戊菊酯烟雾剂0.5千克，把烟雾剂均分成4 ～ 5堆，摆放在田埂上，傍晚覆盖草苫后用暗火点燃，人退出温室，关好门，次日早晨通风后再进入温室。

(5) 药剂防治 当田间瓜蚜呈零星或点片发生时，可结合田间管理，进行挑治，不必全田喷药，发生区域可用吡虫啉、啶虫脒等新烟碱类药剂或联苯菊酯等进行防治。对于蚜量较大的植株或田块可选用吡虫啉等药剂进行喷雾防治。常用药剂有50%灭蚜松乳油2 500倍液，20%杀灭菊酯乳油2 000倍液，2.5%溴氰菊酯乳油2 000 ～ 3 000倍液，2.5%除虫菊酯乳油3 000 ～ 4 000倍液，50%抗蚜威可湿性粉剂2 000 ～ 3 000倍液，20%丁硫克百威1 000倍液，40%菊•马乳油2 000 ～ 3 000倍液，40%菊•杀乳油4 000倍液，21%灭杀毙乳油6 000倍液，5%顺式氯氰菊酯乳油1 500倍液，10%蚜虱净可湿性粉剂4 000 ～ 5 000倍液，4.5%高效氯氰菊酯乳油3 000 ～ 3 500倍液等，每5 ～ 7天1次，连续防治2次，效果较好。

黄足黄守瓜

【分类地位】黄足黄守瓜（*Aulacophora indica*）属鞘翅目叶甲科，为害瓜类，尤喜南瓜、西瓜、黄瓜、蒲瓜等19科65种植物。

【为害特点】成虫主要取食瓜类幼苗的叶片、嫩茎及花和幼果。成虫咬食叶片，造成圆形或半圆形的缺刻，严重时叶片被吃光（图6-98）；咬断嫩茎，会导致死苗。幼虫主要取食葫芦科植物的根部或蛀食地表的瓜果。幼虫蛀食主根或茎基后，会出现死苗或瓜藤枯萎。

图6-98　成虫咬食叶片

温馨提示

黄足黄守瓜幼虫为害黄瓜主根或茎基造成的死苗或枯萎症状类似于枯萎病、青枯病或根腐病，一些瓜农误以为是病害，使用杀菌剂防治，从而错过了防治适期，造成严重损失。所以，当发现瓜类植株地上部分枯萎时，首先观察叶面是否有画圈现象，然后再扒开根际土壤，仔细观察植株根部是否有黄足黄守瓜幼虫。只有这样，才能对真正原因做出正确判断，及时实施有效的防治策略，将该虫种群数量控制在经济阈值以下。

【形态特征】

成虫：体长7 ~ 8毫米，长椭圆形，全体橙黄或橙红色，有时略带棕色。上唇栗黑色。复眼、后胸和腹部腹面均呈黑色。触角丝状，约为体长之半，触角间隆起似脊。前胸背板宽约为长的2倍，中央有一弯曲深横沟。鞘翅中部之后略膨阔，刻点细密，雌虫尾节臀板向后延伸，呈三角形突出，露在鞘翅外，尾节腹片末端呈角状凹缺；雄虫触角基节膨大如锥形，末端较钝，尾节腹片中叶长方形，背面为一大深洼（图6-99）。

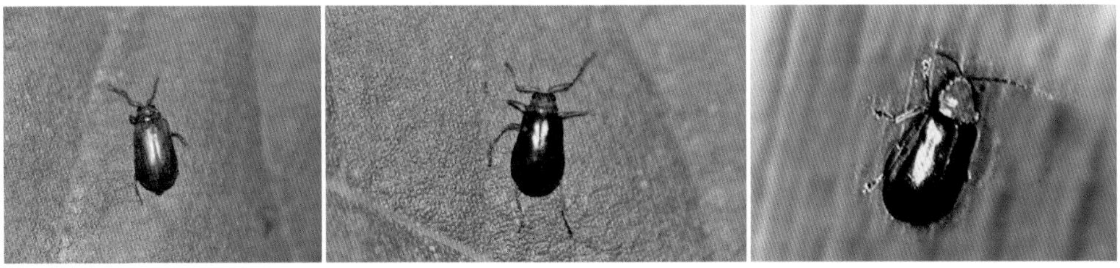

图6-99　不同守瓜成虫（左为黄足黄守瓜；中为黄足黑守瓜；右为黑足黑守瓜）

幼虫：长约12毫米。初孵时为白色，以后头部变为棕色，胸、腹部为黄白色，前胸盾板黄色。各节生有不明显的肉瘤。腹部末节臀板长椭圆形，向后方伸出，上有圆圈状褐色斑纹，并有纵行凹纹4条。

卵：近椭圆形，长0.7 ~ 1毫米，宽0.6 ~ 0.7毫米；初产时为鲜黄色，中期时黄色变淡，孵化前呈黄褐色。

蛹：为裸蛹，近纺锤形。

【生活史及习性】黄守瓜每年发生代数因地而异。我国北方每年发生1代；南京、武汉一代为主，部分2代；广东、广西2 ~ 4代；台湾3 ~ 4代。各地均以成虫越冬，常十几头或数十头群居在避风向阳的田埂土缝、杂草落叶或树皮缝隙内越冬。翌年春季温度达6℃时开始活动，10℃时全部出蛰，瓜苗出土前，先在其他寄主上取食，待瓜苗生出3 ~ 4片真叶后就转移到瓜苗上为害。成虫喜在温暖的晴天活动，一般以10:00 ~ 15:00活动最烈，阴雨天很少活动或不活动，取食叶片时，常以身体为半径旋转咬食，使叶片留下半环形的食痕或圆洞，成虫受惊后即飞离逃逸或假死，耐饥力很强，取食期可绝食10天而不死亡，有趋黄习性。雌虫交尾后1 ~ 2天开始产卵，常堆产或散产在靠近寄主根部或瓜下的土壤缝隙中。产卵时对土壤有一定的选择性，最喜产在湿润的壤土中，黏土次之，干燥沙土中不产卵。产卵多少与温湿度有关，20℃以上开始产卵，24℃为产卵盛期，此时，湿度愈高，产卵愈多。因此，雨后常出现产卵量激增。凡早春气温上升早，成虫产卵期雨水多，发生为害期提前，当年为害可能就重。黏土或壤土由于保水性能好，适于成虫产卵和幼虫生长发育，受害也较沙土为重。连片早播早出土的瓜苗较迟播晚出土的受害重。

【防治方法】

（1）地膜覆盖栽培　采用大田地膜覆盖栽培，可以避免或减少异地成虫迁入产卵。对于露地瓜苗，则在幼苗出土后1 ~ 2天，用防虫纱网将幼苗罩起来，待幼苗蔓长到30厘米以后揭去纱网。

（2）撒草木灰法　在早上露水未干时，把草木灰撒在瓜苗上，能驱避黄守瓜成虫。进入5月中下旬瓜苗已长大，这时黄守瓜成虫开始在瓜株四周往根上产卵，于早上露水未干时在瓜株根际土面上铺一层草木灰或烟草粉、黑籽南瓜枝叶、艾蒿枝叶等，能驱避黄守瓜前来产卵，可减少对黄瓜危害。

（3）人工捕捉　4月瓜苗小时于清晨露水未干成虫不活跃时捕捉，也可在白天用捕虫网捕捉。

（4）药剂防治　防治成虫的常用药剂是90%敌百虫原药或80%敌百虫可

湿性粉剂800 ～ 1 000倍液，或80%敌敌畏乳油1 200倍液、2.5%高效氯氟氰菊酯乳油2 000倍液、20%氰戊菊酯乳油3 000倍液、50%马拉硫磷乳油1 200倍液、10%氯氰菊酯乳油3 000倍液、2.5%溴氰菊酯乳油3 000倍液、75%鱼藤酮乳油800倍液等。成虫盛发期，在晴天傍晚时分进行常规喷雾，叶正反面均匀展着药液，交替使用2 ～ 3次。此外，用70%吡虫啉悬浮种衣剂拌种，可有效防治幼虫。

温馨提示

防治黄足黄守瓜的关键是防止成虫为害瓜苗和产卵。瓜苗移栽前后至5片真叶前，消灭成虫和灌根防治幼虫是保苗的关键。待植株长大后，虽然也要防止地下幼虫为害，但由于此时以地上活动的成虫为害严重，所以重点是抓好成虫的防治。不同守瓜防治方法相同，参照黄守瓜防治方法。

黄蓟马

【分类地位】黄蓟马（*Thrips flavus* Schrank）属缨翅目蓟马科。

【为害特点】以成虫、若虫在植物幼嫩部位吸食为害（图6-100），叶片受害后常失绿而呈现黄白色，甚至呈灼伤般焦状，叶片不能正常伸展，扭曲变形，或常留下褪色的条纹或片状银白色斑纹。花朵受害后常脱色，呈现出不规则的白斑，严重的花瓣扭曲变形，甚至腐烂。

【形态特征】

成虫：体长约1毫米，金黄色，头近方形，复眼稍突出，单眼3只，红色，排成三角形，单眼间的鬃位于单眼三角形连线的外缘，触角7节，翅狭长，周缘具细长缘毛，腹部扁长（图6-101）。

图6-100　成虫、若虫为害叶片

图6-101　成　虫

卵：长约0.2毫米，长椭圆形，黄白色。

若虫：黄白色，三龄时复眼红色。

【生活史及习性】黄蓟马在广东、海南、台湾、广西、福建等地年发生20～21代。多以成虫潜伏在土块、土缝下或枯枝落叶间越冬，少数以若虫越冬。越冬成虫在次年气温回升至12℃时开始活动，瓜苗出土后，即转至瓜苗上危害。在我国华北地区棚室蔬菜生产集中的地方，由于棚室保护地蔬菜生产和露地蔬菜生产衔接或交替，给黄蓟马创造了能在此终年繁殖的条件。全年为害最严重时期为5月中下旬至6月中下旬。初羽化的成虫具有向上、喜嫩绿的习性，且特别活跃，能飞善跳，爬动敏捷。白天阳光充足时，成虫多数隐藏于瓜苗的生长点及幼瓜的毛茸内。雌成虫具有孤雌生殖能力，每头雌虫产卵30～70粒。黄蓟马发育最适温度为25～30℃。土壤湿度与黄蓟马的化蛹和羽化有密切的关系，土壤含水量在8%～18%，化蛹和羽化率均较高。

【防治方法】

（1）色板诱杀　在黄瓜植株栽培行间，挂蓝色或黄色黏虫板诱捕成虫。

（2）药剂防治　当害虫密度达到5头/叶时，可喷施4.5%高效氯氰菊酯乳油1 500倍液、0.3%印楝素乳油800倍液、240克/升螺虫乙酯悬浮剂4 000～5 000倍液，或10%溴氰虫酰胺可分散油悬浮剂2 500～3 000倍液、16%多杀•吡虫啉悬浮剂3 000倍液、20%异丙威乳油500倍液等，每隔7天施药1次，根据虫情掌握施药次数。

叶螨

37

【分类地位】叶螨又称红蜘蛛，种类有朱砂叶螨（*Tetranychus cinnabarinus*）、截形叶螨（*T. truncates*）、二斑叶螨（*T. urticae*）等，均属蛛形纲蜱螨亚纲真螨目叶螨科，叶螨寄主植物广泛，多达50余科800余种。

【为害特点】成螨、若螨群集刺吸为害。黄瓜叶片受害后形成枯黄色至红色病斑，严重时全株叶片枯黄，植株早衰（图6-102），结瓜小，结瓜期缩短，严重影响产量和品质。一般先为害植株下部叶片，然后逐渐向上蔓延。

【形态特征】

成螨：雌螨体长0.4～0.5毫米，椭圆形，可随寄主种类或者地区而有变化，足4对。朱砂叶螨体深红色至锈红色，有些甚至为黑色；二斑叶螨仅越冬代滞育个体为橙红色，通常均为淡黄色或黄绿色，身体两侧各有一黑色斑块（图6-103和图6-104）。截形叶螨多为鲜艳的红色，有的为深红色或锈红色，体背两侧有暗色的不规则黑斑。雄螨均比同种的雌螨略小，体长约0.36毫米，体色常为黄绿色或橙黄色，头胸部前端近圆形，背面菱形，体后部尖削。

图6-102　植株早衰

图6-103　二斑叶螨雌成螨

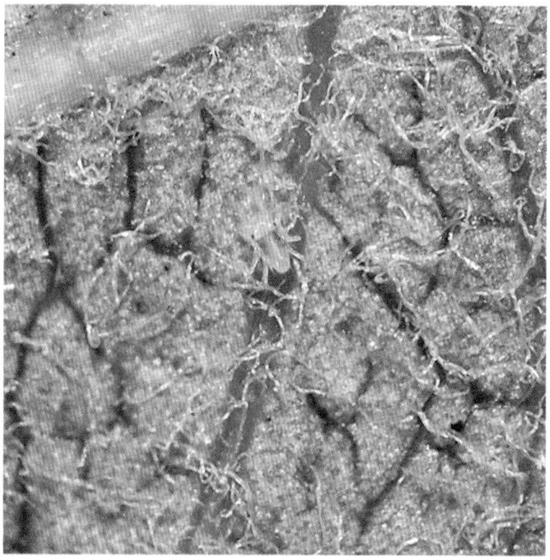

图6-104　二斑叶螨雄成螨

卵：直径约0.1毫米，透明，圆球形，初产时乳白色，后期卵色逐渐加深呈乳黄色，即将孵化时透过卵壳可看到两个红色的眼点（图6-105）。

幼螨：长0.15 ~ 0.2毫米，半球形，透明，浅黄或黄绿色，眼红色，足3对，取食后体色变暗绿（图6-106）。

若螨：椭圆形，长约0.21毫米，有足4对，行动比幼螨更加活泼敏捷，体形及体色似成螨，但个体小。

【生活史及习性】叶螨的发生代数随地区和气候差异而不同。在西藏拉萨设施田内1年发生7 ~ 10代，北方地区一般发生12 ~ 15代，长江中下游地区年发生18 ~ 20代，华南可发生20代以上。叶螨主要以雌成螨越冬。北方地区

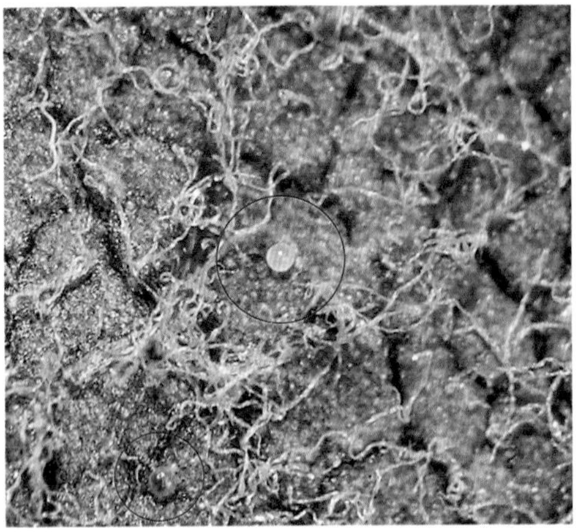

图6-105 二斑叶螨卵

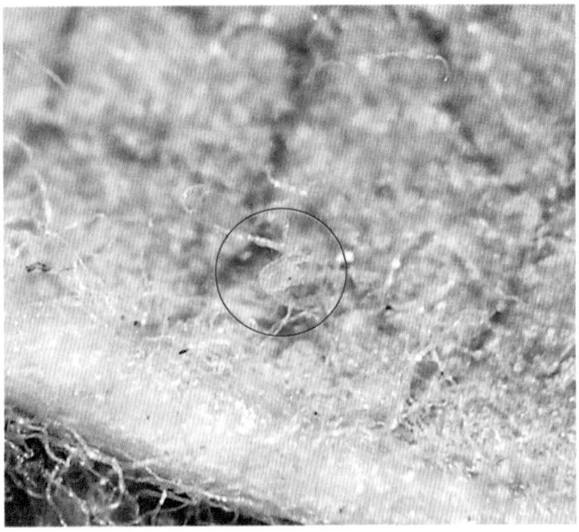

图6-106 二斑叶螨幼螨

叶螨以雌成螨在寄主的枯枝落叶、杂草根部和土缝中越冬；长江流域主要以雌成螨和卵越冬，可在豌豆等寄主上越冬，温室、大棚内的蔬菜苗圃等地是其重要越冬场所。高温、干旱利于叶螨大发生。

【防治方法】

（1）深耕翻土 棚室夏季休耕时深翻晒土可明显减轻叶螨数量。

（2）释放天敌 目前黄瓜新小绥螨在我国已实现商品化生产，在蔬菜田尤其是保护地蔬菜上有扩大应用的前景，可每10米^{2}释放600～900头。

（3）药剂防治 有螨株率在5%以上时，应立即进行普遍除治。药剂可选用0.3%印楝素乳油800～1 000倍液，或10%浏阳霉素乳油1 000倍液、2.5%联苯菊酯乳油2 000倍液、1.8%阿维菌素乳油2 500～3 000倍液、20%哒螨灵可湿性粉剂3 000倍液、73%炔螨特乳油1 500～3 000倍液、5%噻螨酮乳油1 500倍液、24%螺螨酯悬浮剂1 500～2 000倍液、15%哒螨灵乳油3 000倍液、10%虫螨腈悬浮剂2 000倍液、11%乙螨唑悬浮剂5 000～7 000倍液、5%唑螨酯悬浮剂1 000～2 000倍液等，防治效果较好。发生量较大时，可选择防治成螨的药剂（如阿维菌素）与杀卵药剂（如噻螨酮、螺螨酯、唑螨酯等）混合或者交替施用，防治效果更好。

瓜实蝇

【分类地位】瓜实蝇（*Bactrocera cucurbitaet*）属双翅目实蝇科离腹寡毛实蝇属。世界上许多国家和地区都把瓜实蝇列为重要的检疫对象，是中国二类植物检疫对象。寄主有栽培果蔬和野生植物多达200余种。

【为害特点】瓜实蝇以成虫产卵为害和幼虫蛀瓜为害。雌虫以产卵管刺入幼瓜表皮内产卵，每次产几粒至10余粒，每头雌虫可产卵数十粒至数百粒，幼虫孵化后在瓜内蛀食。初孵幼虫在瓜内蛀食，将瓜蛀食成蜂窝状，以至瓜条腐烂、脱落。被害瓜先局部变黄，而后全瓜腐烂变臭，大量落瓜；即使不腐烂，刺伤处凝结着流胶，畸形下陷，果皮变硬，瓜味苦涩，品质下降。受害轻的，瓜虽不脱落，但生长不良，贮存数日即变软腐烂。瓜实蝇发生隐蔽，常常易被种植者忽视而造成大幅度减产，甚至绝收。

【形态特征】成虫：体长8 ~ 9毫米，翅展16 ~ 18毫米。头褐色，中颜板黄色，具1对黑色大颜面黑斑。中胸背板黄褐色，缝后具3个黄色纵条，中间的1条较短。小盾片黄色，基部有一红褐色至暗褐色狭横带（图6-107和图6-108）。

图6-107　成虫侧面

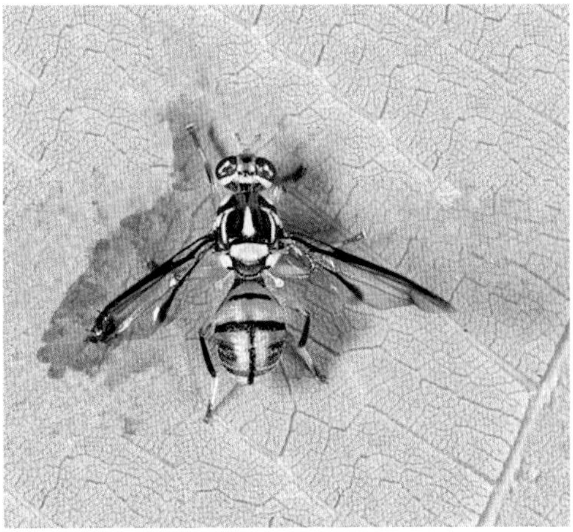

图6-108　成虫正面

幼虫：蛆状，初为乳白色，长约1毫米；老熟幼虫米黄色，长10 ~ 12毫米，前小后大，尾端最大，呈截形。口钩黑褐色，有时透过表皮可见其呈窄V形。尾端截形面上有2个突出颗粒，呈黑褐色或淡褐色。

卵：细长，长约0.8毫米，一端稍尖，乳白色。

蛹：长约5毫米，黄褐色，圆筒形。

【生活史及习性】瓜实蝇在我国1年发生多代，世代重叠。以成虫或蛹在土壤、杂草、寄主作物上越冬。在田间，瓜实蝇成虫多在早上取食，中午或下午通常只在叶丛中停息。瓜实蝇幼虫老熟后，从果实中钻出，落到地面，入土后的幼虫很快收缩成围蛹状，皮色变深，12小时后色泽变褐硬化。瓜实蝇成虫可取食雌性成虫在产卵刺伤寄主果皮时分泌的汁液，田间破损的果实、损伤的茎蔓甚至受害果实腐烂的部分，都能吸引成虫取食。

【防治方法】

（1）植物检疫　目前，世界上很多国家和地区都把瓜实蝇列为重要检疫对象，我国部分省份被列为瓜实蝇疫区。对带有瓜实蝇疫情的农产品的检疫处理，特别是对新鲜瓜果的处理，重点是收获时在产地的处理，目前国内外多采用低温致死或辐射处理等物理方法，或采用药剂熏蒸处理的化学方法。

（2）果实套袋　在虫情发生严重的地区或栽培名贵瓜果品种，可采用套袋护瓜护果的有效保护措施，防止成虫产卵为害。但要掌握有利时机，即等到花完全凋谢后，在幼瓜生长到长2～4厘米时套袋，套袋过早会影响雌花受粉，套袋过迟会失去防虫作用而使损失严重。果实套袋前必须喷施一次农药，以防治其他的病虫害，确保瓜果套袋后的质量。

（3）应用性引诱剂　以克蝇与甲基丁香油（1∶1）混合作诱芯诱杀，既可诱杀瓜实蝇也可诱杀果实蝇，用于大棚栽培防治效果更好。每隔20米在瓜棚下挂1个诱杀笼，每15天添加诱杀剂1次。性诱剂应长期大面积不断使用，才能有效降低田间瓜实蝇的数量。

（4）药剂防治　应选用高效、低残留农药，如5%天然除虫菊素乳油1 000倍液，或85%敌百虫可湿性粉剂1 000倍液、10%氯氰菊酯乳油2 000～3 000倍液、40%辛硫磷乳油800倍液、50%敌敌畏乳油1 000倍液等，在成虫盛发期，选择中午或傍晚喷施药液，隔3～5天喷施1次，连喷2～3次，药液量应充足，到果实采收前10～14天停止用药。对落瓜附近的土面喷淋50%辛硫磷乳油800倍液，以防蛹羽化。

瓜绢螟

【分类地位】瓜绢螟[*Diaphania indica*（Saunders）]属鳞翅目草螟科绢螟属。主要为害丝瓜、苦瓜、黄瓜、甜瓜、西瓜、冬瓜、番茄、茄子等蔬菜作物，是夏秋黄瓜上的主要害虫。

【为害特点】幼龄幼虫在叶背啃食叶肉，被害部位呈白斑，三龄后吐丝将叶或嫩梢缀合，匿居其中取食，致使叶片穿孔或缺刻，严重时仅留叶脉（图6-109）。幼虫常蛀入瓜内、花中或潜蛀瓜藤，影响产量和质量。

【形态特征】

成虫：体长约11毫米，翅展23～26毫米。头、胸部黑色，触角灰褐色，长度接近翅长，腹部一至四节白色，五、六节黑褐色。前、后翅白色半透明状，略带紫色金属光泽，前翅沿前缘及外缘各有一条淡墨褐色带，翅面其余部分为白色三角形，缘毛墨褐色；后翅白色半透明有闪光，外缘有一条淡墨褐色带，缘毛墨褐色（图6-110）。

图6-109　叶片呈缺刻状

图6-110　成　虫

卵：扁平，椭圆形，淡黄色，表面有网状纹。

幼虫：幼虫5龄。初龄幼虫体透明，随发育而呈绿色至黄绿色（图6-111）。

蛹：长约14毫米，深褐色，头部光整尖瘦，翅基伸及第六腹节，外被薄茧（图6-112）。

图6-111　幼　虫

图6-112　蛹

【生活史及习性】瓜绢螟一般年发生4～6代，发生为害期为4～10月，其中，7～9月为盛发期，11月至翌年2月发生较轻。北方地区多发生在8～9月，主要为害大棚蔬菜，而在海南岛则可周年发生。以老熟幼虫或蛹在枯叶或表土越冬，成虫夜间活动，稍有趋光性，雌蛾在叶背产卵。幼虫三龄后卷叶取食，蛹化于卷叶或落叶中。夏秋闷热多雨的年份发生重。

【防治方法】

（1）加强栽培管理　幼虫初发期摘除卷叶，集中处理，可消灭部分幼虫。黄瓜收获后，及时清理瓜地，消灭藏匿于枯藤落叶中的虫蛹，将枯藤落叶集中烧毁，可减少越冬虫口基数，减轻次年危害程度。

（2）药剂防治　一般在成虫产卵高峰期后4 ～ 5天为防治适期。可选5%氯虫苯甲酰胺悬浮剂1 000倍液、15%茚虫威悬浮剂3 500倍液、10%虫螨腈悬浮剂1 500倍液、10%氟虫双酰胺悬浮剂2 500倍液、1.8%阿维菌素乳油1 500倍液、24%甲氧虫酰肼悬浮剂1 000倍液、2.5%多杀霉素悬浮剂1 500倍液、2.5%氟啶脲乳油1 000倍液、40%辛硫磷乳油1 000倍液、0.36%苦参碱乳油1 000倍液、20%氰戊菊酯乳油2 500倍液。每隔7 ～ 10天喷1次，连喷2 ～ 3次，重点喷施植物上部叶片和嫩梢。建议不同类型的农药轮换交替使用，严格掌握农药的安全间隔期。

瓜褐蝽

【分类地位】瓜褐蝽（*Aspongopus chinensis* Dallas）属半翅目蝽科。

【为害特点】成虫、若虫常几头或几十头集中在瓜藤、卷须、腋芽和叶柄上吸食汁液，造成瓜藤、卷须枯黄、凋萎，对植株生长发育影响很大。

【形态特征】

成虫：体长16.5 ～ 19毫米，宽9 ～ 10.5毫米，长卵形，紫黑或黑褐色，稍有铜色光泽，密布刻点。头部边缘略上翘，侧叶长于中叶，并在中叶前方汇合。触角5节，基部4节黑色，第五节橘黄至黄色。前胸背板及小盾片上有近于平行的不规则横皱。侧接缘及腹部腹面侧缘区各节黄黑相间，但黄色部常狭于黑色部分。足紫黑或黑褐色。雄虫后足胫节内侧无卵形凹，腹面无十字沟缝，末端较钝圆（图6-113）。

图6-113　成　虫

若虫：共5龄。五龄若虫体长11 ～ 14.5毫米，翅芽伸过腹部背面第三节前半部，小盾片显现，腹部

第四、五、六节各具1对臭腺孔。

【生活史及习性】 该虫每年发生1 ~ 3代。以成虫在土块、石块下或杂草、枯枝落叶下越冬。发生1代的地区4月下旬至5月中旬开始活动，随之迁飞到瓜类幼苗上为害，尤以5 ~ 6月为最盛。6月中旬至8月上旬产卵，卵串产于瓜叶背面。6月底至8月中旬幼虫孵化，8月中旬至10月上旬羽化，10月下旬越冬。发生3代的地区，3月底越冬成虫开始活动。成虫、若虫常几头或几十头集中在瓜藤基部、卷须、腋芽和叶柄上为害，初龄若虫喜欢在蔓裂处取食为害。成虫、若虫白天活动，遇惊坠地，有假死性。

【防治方法】

（1）气味诱集　利用瓜褐蝽喜闻尿味的习性，于傍晚把用尿浸泡过的稻草，插在瓜地里，每667米^{2}插6 ~ 7束，成虫闻到尿味就会集中在草把上，第二天早晨集中草把深埋或烧毁。

（2）药剂防治　喷施40%啶虫脒水分散粒剂3 000 ~ 4 000倍液、20%虫酰肼悬浮剂8 000倍液、3%甲氨基阿维菌素苯甲酸盐微乳剂2 500 ~ 3 000倍液，每隔7 ~ 10天喷施1次，共喷2次。

红脊长蝽

【分类地位】 红脊长蝽 [*Tropidothorax elegans*（Distant）] 又名黑斑红长蝽，属半翅目蝽科。分布于华东、华南和华北的部分地区。为害葫芦科、十字花科及其他多种蔬菜。

【为害特点】 红脊长蝽以成虫和幼虫群集于嫩茎、嫩瓜、嫩叶等部位，刺吸汁液，刺吸处呈褐色斑点，严重时导致枯萎。

【形态特征】

成虫：体长8 ~ 11毫米，宽3 ~ 4.5毫米。身体呈长椭圆形。躯体赤黄色至红色，具黑地纹，密被白色毛。头、触角和足均为黑色。前胸背板有刻点，中部橘黄色，后纵两侧各有1个近方形的大黑斑。小盾片三角形，黑色。前翅爪片除基部和端部为橘红色外，基本上全为黑色。半鞘翅膜质部黑色，基部近小盾片，末端有一白斑（图6-114）。

图6-114　成　虫

若虫：共5龄。低龄若虫体，被有白或褐色长绒毛，头、胸和触角紫褐色，足黄褐色，前胸背板中央有一橘红色纵纹；腹部红色，腹背有一深红斑，腹末黑色；四龄若虫体长约5毫米，前翅背板后部中央有一突起，其两侧为漆黑色，翅芽漆黑，达第四腹节中部，腹部最后5节的腹板呈黄黑相间的横纹。

【生活史及习性】 该虫1年发生2代，以成虫在寄主附近的树洞或枯叶、石块和土块下面的穴洞中结团过冬。翌年4月间开始活动，成虫和若虫均能取食危害。翌年4月中旬开始活动，5月上旬交尾。第一代若虫于5月底至6月中旬孵出，7～8月羽化产卵。第二代若虫于8月上旬至9月中旬孵出，9月中旬至11月中旬羽化，11月上中旬进入越冬。成虫怕强光，以10:00前和17:00后取食较盛。卵成堆产于土缝里、石块下或根际附近土表，一般每堆30余枚，最多达200～300枚。

【防治方法】

（1）农业防治　冬耕和清理菜地，可消灭部分越冬成虫，发现卵块时可人工摘除。

（2）化学防治　喷药时间一般选择在红脊长蝽若虫三龄前为好。于成虫盛发期和若虫分散为害之前进行药剂防治，可喷洒90%晶体敌百虫800倍液、2.5%高效氯氰菊酯乳油2 500倍液、10%高效氯氰菊酯乳油3 000倍液等。一般喷施1～2次药剂，就可取得较好的防治效果。

（三）常见生理病害

生理病害为非侵染性病害，是由于环境因素不合适，使蔬菜植物的正常代谢受到破坏而造成的生理障碍。有单一环境因素造成的生理障碍，也有两个或多个环境因素综合造成的生理障碍。给温室大棚黄瓜病害诊断时，首先要做出是否是生理性病害的判断。就一般情况而言，非侵染的生理性病害的发生具有如下特点：一是看有无病征，一般侵染性病害有病征，即在病部或邻近病部有霉状物、粉状物、颗粒状物、菌脓等，而非侵染性病害没有病征。二是从发病范围来看，侵染性病害有明显的发病中心，有从发病中心向周围扩散蔓延的明显迹象，而非侵染性病害无明显的发病中心，一般为大面积普遍发生。黄瓜最典型的生理性病害有如下几种：

沤根

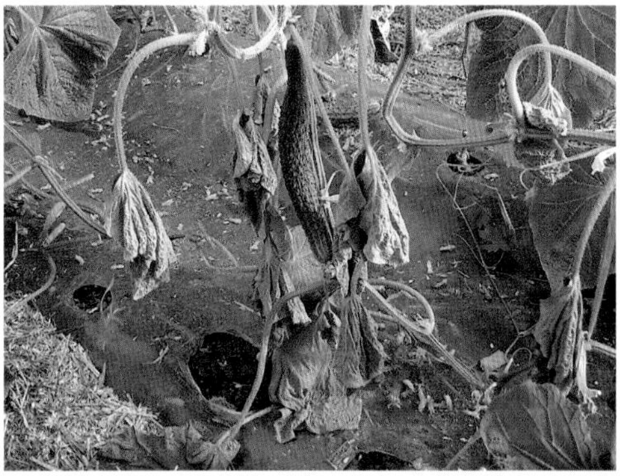
图6-115　沤　根

【症状】发生沤根时，根部不发新根或不定根，根皮发锈后腐烂，致地上部萎蔫，且容易拔起，地上部叶缘枯焦，严重时成片干枯，致植株死亡（图6-115）。

发病原因：土壤温度低于12℃、且持续时间较长，根系生长受阻；土壤湿度过高、透气性差，根系呼吸作用受阻。

【防治方法】主要预防低地温和高湿的土壤环境。在保护地内，要进行膜下暗灌和高垄高畦栽培，并要适当通风散湿，遇有连阴雨天气，不可浇水；要经常中耕松土，以提高地温，促发新根；增施有机肥，提高通透性。

花打顶

【症状】顶部节间极度短缩，叶片小而薄、多皱缩，生长点难以伸长和长出新叶，并形成雌花和雄花间杂的花簇，呈花抱头状（图6-116和图6-117）。

图6-116　顶部节间极度短缩

图6-117　花抱头状

【发病原因】温度偏低、光照偏弱，且持续时间较长；管理措施不当，如过量施肥、浇水量不足、蹲苗过度、伤根过多、二氧化碳施肥浓度过高、植物生长调节剂使用不当导致的药害等。

【防治方法】

（1）调控温度　防止温度过低或过高，及时松土，提高地温，必要时先适量施肥、浇水，再松土提温，以促进根系发育。

（2）水肥管理　大棚黄瓜施肥，要掌握少量、多次、施匀，施用有机肥时必须充分腐熟，防止因施肥不当而伤根。适时适量浇水，避免大水漫灌而影响地温，造成沤根。

（3）及时救治　已出现花打顶的植株，应适量摘除雌花，并用磷酸二氢钾300倍液叶面喷施；出现烧根型花打顶时，及时浇水中耕，使土壤持水量达到22%，空气相对湿度达到65%时，不久即可恢复正常。

化瓜

【症状】新坐的瓜条或正在发育的小瓜条停止生长，并由瓜尖开始逐渐变黄、干瘪，最后干枯脱落（图6-118至图6-121）。

图6-119　瓜条变黄

图6-118　瓜条停止生长

图6-120　瓜条干枯

图6-121　田间症状

【发病原因】水肥不足、肥料配比不合理，植株生长发育所需营养受阻，造成营养不良而化瓜；连阴天、光照弱、密度过大、透光不良、光合作用减弱、养分积累不足而化瓜；白天温度高于32℃，夜温高于18℃，呼吸消耗骤增，致营养不良而化瓜；高温或低温下雌花发育不良而化瓜；低温下光合作用和根系吸收能力受到影响，造成营养不良而化瓜；二氧化碳浓度降低，影响光合作用造成化瓜；以及夜温高、湿度大，氮肥供应过多黄瓜徒长；对植株下部瓜采收不及时，会大量吸收同化产物，而植株上部雌花养分供应不足；病虫害引起叶片坏死变黄而影响光合作用，使黄瓜生长不良造成化瓜。

【防治方法】控制温度，白天适温、适湿，白天温度一般控制在25～30℃，夜间15℃左右；合理密植；阴天低温时，进行叶面喷肥；适当通风，或进行二氧化碳施肥，以及加强肥水管理和病虫防治。

畸形瓜

黄瓜畸形瓜包括尖嘴瓜、细腰瓜、弯曲瓜、大肚瓜等。

（1）尖嘴瓜

【症状】瓜条未长成商品瓜，瓜顶端停止生长，尖端细瘦（图6-122）。

【发病原因】单性结实（不经受精就结瓜）能力弱的品种，在不受精的情况下，结出尖嘴瓜；瓜条发育的前期温度过高，或已经伤根，或肥水不足都容易发生尖嘴瓜。

图6-122　尖嘴瓜

【防治方法】加强水肥管理，增施有机肥料，多施骡马粪等热性肥料，提高土壤的供水、供肥能力，防止植株早衰；合理建造温棚，采用高光效无滴棚膜，增加透光度；合理密植，保证每个植株有充足的营养和生长空间；做好病虫害防治工作，防止植株遭受病虫为害。

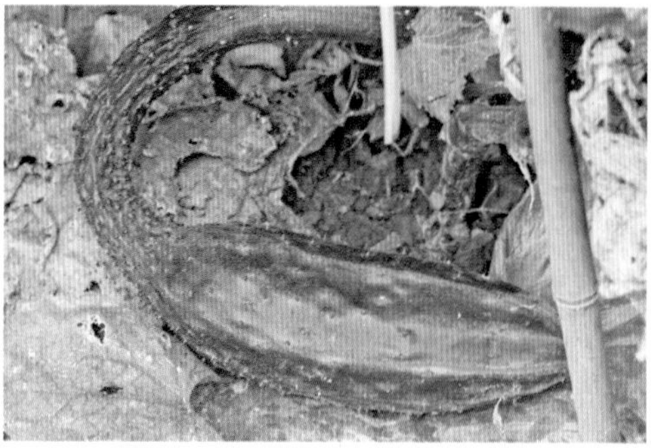

图6-123　大肚瓜

（2）大肚瓜

【症状】瓜条基部和中部生长正常，瓜顶端肥大（图6-123）。

【发病原因】瓜条细胞膨大时，温度高，水分大，根系吸收能力强，浇水过量，不均匀。

【防治方法】适时适量浇水，控制温度，避免出现大的温差。

（3）细腰瓜

【症状】瓜条中腰部分细，两端较肥大（图6-124）。

【发病原因】白天光照弱，夜间温度高，昼夜温差小；钾素供应不足；植株体内硼元素缺乏。

【防治方法】挂反光膜，增强光合作用，增加物质积累；增施微量元素肥料，每667米^{2}施1千克硼砂作基肥；每667米^{2}施硫酸钾15千克或喷施0.2%磷酸二氢钾；重施腐熟有机肥料。

（4）弯曲瓜

【症状】在正常情况下黄瓜的瓜条基本上是长直形的，当瓜条弯曲程度达到75℃以上时，称为弯曲瓜或曲形瓜（图6-125）。

【发病原因】受精不完全；单性结实的品种容易形成弯曲瓜；受到病虫为害，如染上黑星病的瓜条就要从病斑处弯曲；机械作用，如绑绳、吊绳、卷须等缠住了瓜纽，瓜条发育被架杆、瓜蔓阻夹等；光照、温度、湿度等条件不

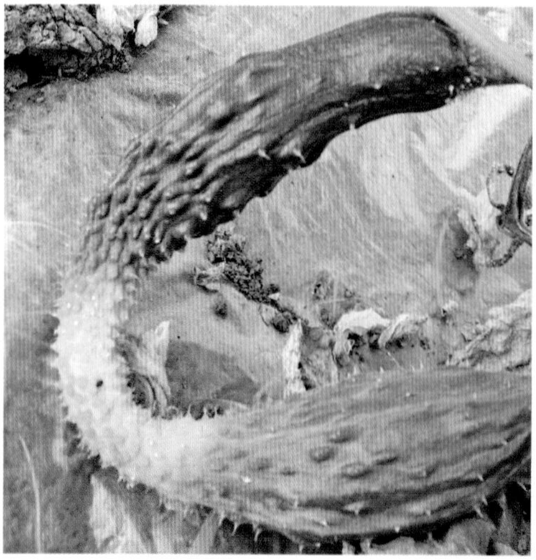

图6-124　细腰瓜

图6-125　弯曲瓜

适，或水肥供应不足，或摘叶过多，或结果过多。

【防治方法】在绑蔓或吊蔓过程中，要尽量使小瓜条避开支架等阻碍物；将30毫克/千克的赤霉素溶液涂抹在弯曲瓜条的内侧，几天后即可恢复正常；加强田间管理，根据生产实际，可采用测土配方施肥技术，做到均衡施肥；进入采摘瓜期后要适时追肥浇水，促进植株正常生长。

有害气体危害

40

有害气体对保护地黄瓜的危害症状见表6-1。

表6–1　有害气体危害症状

有害气体名称	发生原因	危害症状表现
氨气	在地表施入直接或间接产生氨气的肥料，如碳酸氢铵、氨水、尿素、饼肥、鸡（兔）粪、海肥，或在石灰质土壤上施用硫酸铵，或在温室内发酵鸡粪、饼肥等	危害近地表的叶片，被害处发生褐色病变
亚硝酸气	在非石灰质土壤上，连续大量施用氮素化肥，土壤积盐酸化，有被强酸和高盐浓度驯化的土壤微生物，有铵的大量积累，造成亚硝酸不稳定，挥发积累	新叶畸形或部分坏死，成熟或未成熟叶背面产生褐色斑点
亚硫酸气（急性）	热风炉燃烧含硫量高的煤炭，排放的烟气逸散到棚室内	出现白斑
亚硫酸气（慢性）		像缺镁的症状一样，叶脉间有黄化症状，叶背可见到明显褐色斑点
一氧化碳（急性）	热风炉燃烧不充分，有大量的煤气发生，并逸散到棚室内	叶脉间一部分褪绿，褪绿部分呈不规则形
一氧化碳（慢性）		比亚硫酸气急性中毒产生的白斑要小
增塑剂挥发（乙烯或氯气）	覆盖的塑料棚膜添加了不合要求的增塑剂	一种表现为像缺镁样的症状；一种引起叶片黄化

焦边叶

【症状】 黄瓜一部分或大部分叶片的整个叶缘发生干边，干边的宽度一般是0.2 ~ 0.4厘米，严重时叶缘干枯或卷曲（图6-126）。

图6-126 焦边叶

【发生原因】 喷洒农药浓度过大，或喷用的药液过多，聚集在叶片边缘的药液发生化学伤害。在塑料棚室高温、高湿的时候突然放风，致使叶片失水过快、过多；温室大棚超过量施用化肥的情况下，土壤积盐日益严重，过高的土壤溶液浓度会使植株从土壤当中吸收水分发生困难，在中午水分蒸腾量大时发生萎蔫，而一到夜间又恢复正常。这种情况反复进行则叶缘出现枯萎，逐渐发生植株萎缩，严重时植株凋萎或枯死。

【防治方法】 按要求浓度配制农药，喷雾要细匀，喷洒不要过量，在叶边不要形成药液存留的现象；不要突然大放风，通风量要逐渐加大；科学施用化肥，减缓土壤积盐的发生。对已发生积盐的温室大棚在地面喷用“旱宝”，以减轻积盐的危害。

叶烧症

【症状】 黄瓜植株中、上部叶片受害。初期，植株叶片普遍向下卷曲，个别叶片卷曲明显，叶脉之间的叶肉出现白色灼伤小斑，对于卷曲的叶片，灼伤斑往往集中于叶片一侧，叶片背面被灼部位褪绿发白，而后斑块扩大或连成大片，植株大部分叶片严重卷曲（图6-127至图6-129）。

图6-127　叶片向下卷曲

图6-128　灼伤小斑

图6-129　植株症状

【发生原因】多是品种本身的问题，有些品种不耐强光；若温室的薄膜透光性能较好，但温室保温性能差，夜间温度低，尤其是土壤温度长期偏低，在这种情况下叶片就很容易被灼伤。

【防治方法】要正确分析病因，提高温室保温性能，避免光照比较强的情况下棚室昼夜温差过大，必要时可采用覆盖部分草苫的方法遮光。同时，在棚室内空气干燥时应及时浇水。

缺素症

黄瓜缺素症状诊断见表6-2和图6-130。

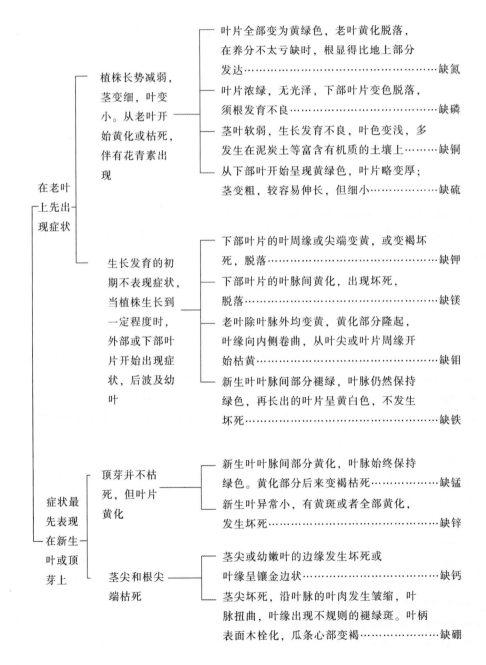

表6–2　缺素症检索表

- 在老叶上先出现症状
  - 植株长势减弱，茎变细，叶变小。从老叶开始黄化或枯死，伴有花青素出现
    - 叶片全部变为黄绿色，老叶黄化脱落，在养分不太亏缺时，根显得比地上部分发达……缺氮
    - 叶片浓绿，无光泽，下部叶片变色脱落，须根发育不良……缺磷
    - 茎叶软弱，生长发育不良，叶色变浅，多发生在泥炭土等富含有机质的土壤上……缺铜
    - 从下部叶开始呈现黄绿色，叶片略变厚；茎变粗，较容易伸长，但细小……缺硫
  - 生长发育的初期不表现症状，当植株生长到一定程度时，外部或下部叶片开始出现症状，后波及幼叶
    - 下部叶片的叶周缘或尖端变黄，或变褐坏死，脱落……缺钾
    - 下部叶片的叶脉间黄化，出现坏死，脱落……缺镁
    - 老叶除叶脉外均变黄，黄化部分隆起，叶缘向内侧卷曲，从叶尖或叶片周缘开始枯黄……缺钼
    - 新生叶叶脉间部分褪绿，叶脉仍然保持绿色，再长出的叶片呈黄白色，不发生坏死……缺铁
- 症状最先表现在新生叶或顶芽上
  - 顶芽并不枯死，但叶片黄化
    - 新生叶叶脉间部分黄化，叶脉始终保持绿色。黄化部分后来变褐枯死……缺锰
    - 新生叶异常小，有黄斑或者全部黄化，发生坏死……缺锌
  - 茎尖和根尖端枯死
    - 茎尖或幼嫩叶的边缘发生坏死或叶缘呈镶金边状……缺钙
    - 茎尖坏死，沿叶脉的叶肉发生皱缩，叶脉扭曲，叶缘出现不规则的褪绿斑。叶柄表面木栓化，瓜条心部变褐……缺硼

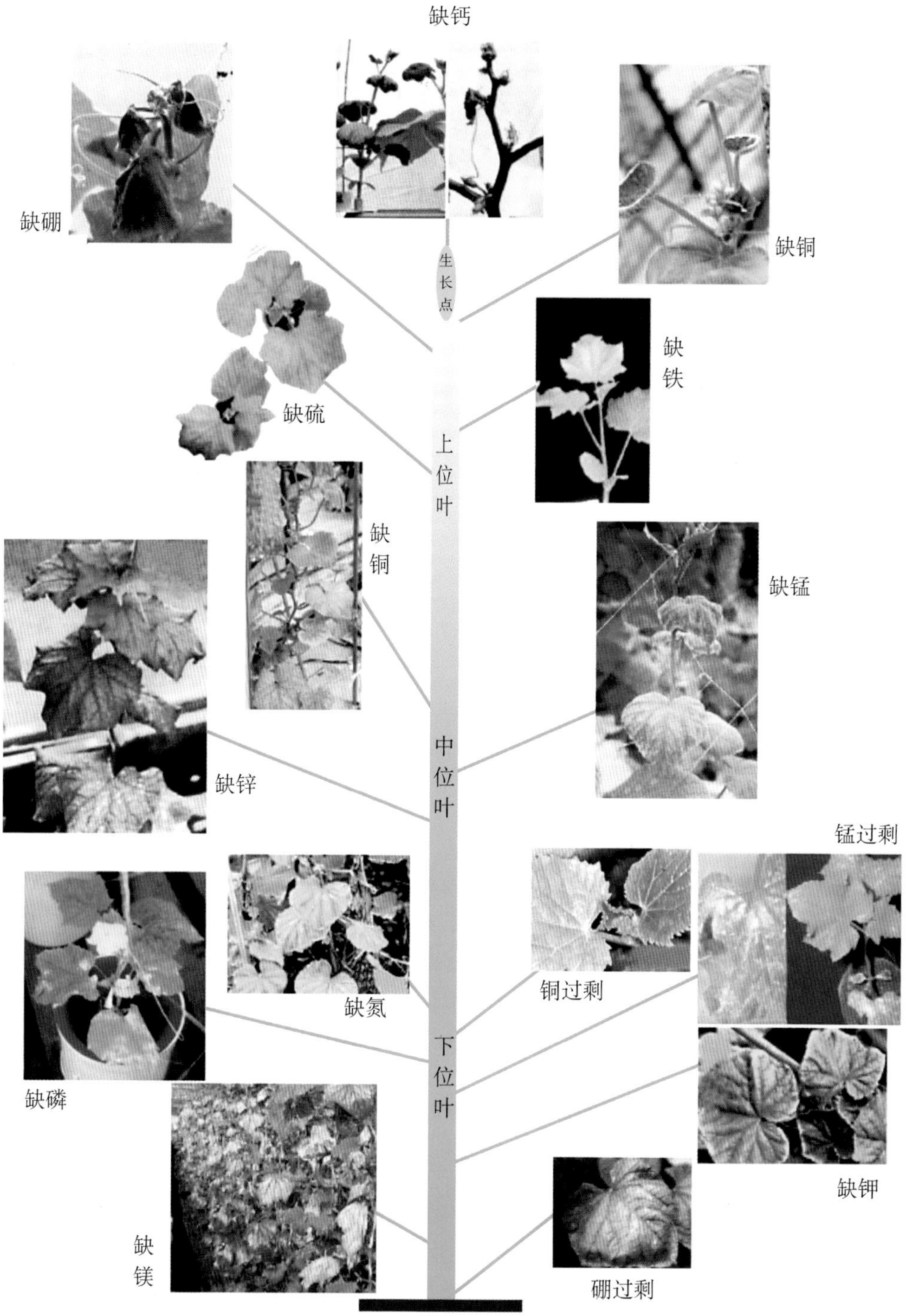

图6-130　营养失衡示意图

药害

黄瓜的药害在叶面上表现较多，这是因为农药喷洒到叶面后，多从气孔、水孔、伤口进入到叶组织，有的还可从枝、叶、花果和根的表皮渗透进去。

黄瓜发生药害后，可能因为使用的农药不同而有不同的表现（表6-3）。

表6–3　黄瓜药害症状与发生原因

主要症状	症状表现	发生原因
植株死亡	黄瓜植株萎缩干枯死亡	苗期喷用了辛硫磷乳剂
		秋冬茬黄瓜苗期误用甲霜灵•锰锌淋茎灌根，使茎和根受到灼伤或抑制
植株萎缩不长或生长受阻	黄瓜节间明显缩短，所育出的黄瓜苗如同甘蓝苗一样	用三唑酮500倍液防治韭菜灰霉病时，对黄瓜苗床进行了喷洒造成的药害
	植株一直处于生长势极度衰弱状态。生长缓慢、中下部叶片叶脉间叶肉褪绿，出现不规则白色小斑点。有的叶片甚至失绿或白化。植株顶部花器坏死，结出的瓜粗细不均	利用硫酸铜防病或作土壤消毒时，如果用量过大，就会产生药害。这是因为铜属于微量元素，黄瓜需要量很少。土壤中一旦进入过量的铜，一时又很难清除。铜在黄瓜体内不能移动，一旦吸收过量，极易受到伤害
黄瓜叶缘干枯	黄瓜小苗叶缘呈灰绿色干枯，随后长出的新叶缺刻消失，如同杨树叶一样。后新长出的叶片才恢复正常	苗期喷用乙烯利促进雌花发生时，喷用的药液浓度大，或者重复喷洒，或者喷洒药液量大，或者高温时喷洒和喷后遇有高温，均可发生这种情况
	成株黄瓜叶缘呈灰绿色干枯，受灼伤大的部分在叶片继续生长中表现为缺失，叶片畸形，缺失部分上部的叶肉发生皱缩	此种情况在多个温室经常可以见到，多是在喷洒代森锰锌等农药时，喷洒的药液量过大，药液在叶缘聚集，对叶组织发生灼伤的结果
	黄瓜苗展开或长出的真叶上，初期叶缘小叶脉和附近叶肉褪绿变黄白，进而呈不均匀的坏死，坏死部呈白色薄膜状。有的叶片还会产生皱缩	防治黄瓜苗期病害时，如果使用内吸性药剂如猝倒必克、多菌灵等进行浇灌，当用药量过大时，药液从根系进入植株体内后，部分药随水分输导到叶边缘的水孔，在那里积聚后便可发生药害
	叶缘和叶尖失绿，迅速失水呈青绿色干枯斑，叶面有白色至枯黄色不规则枯斑	使用敌敌畏药液浓度过高或使用过于频繁

（续）

主要症状	症状表现	发生原因
黄瓜叶缘干枯	叶缘开始失绿白化，进而向叶中间发展，致使大叶脉间叶肉失绿、白化、腐烂、破碎	释放百菌清烟雾剂时用量大，或堆放点少或集中，造成局部烟雾浓度过高造成的危害（也可视为烟害）
黄瓜叶片扭曲畸形	定植不久的黄瓜幼苗上部叶片叶缘稍褪绿，呈水渍状向叶子中部均匀扩展，叶缘生长受到抑制，叶片出现扭曲、变形	为防疫病、枯萎病等，在定植沟（穴）里使用五代合剂、猝倒必克等药剂，当使用过量时，就会产生药害
	叶片明显缩小发皱且上举，类似豌豆的新生枝叶一样	对徒长坐不住瓜的植株喷洒防落素、坐果灵后普遍出现的症状
	黄瓜叶片普遍扭曲下垂，并无灼伤或坏死的现象	喷用某些植物生长调节剂（有时是叶面肥或微肥）浓度过大时，黄瓜叶片很快普遍出现这一症状
	开始展开叶小叶脉失绿变白，进而大部或全部叶脉失绿变白，形成白色网状脉。较小叶片皱缩畸形，卷须变白、缢缩	黄瓜对辛硫磷敏感，成株喷洒辛硫磷乳剂时，如果两次间隔的时间过短，产生药害即出现左栏所列症状
	叶面出现边缘清楚、大小不一的乳白色斑点	喷洒多菌灵可湿性粉剂，开始和接近结束喷洒时，喷出的药点大，对叶面组织造成灼伤
黄瓜叶面灼伤、斑枯	露地高温时喷药，黄瓜叶脉间叶肉出现明显斑点或枯斑。枯斑有时破碎穿孔。在连续高温下喷药时，除了枯死斑、穿孔外，还会导致叶面皱缩、畸形	高温下给黄瓜喷洒杀菌剂时，由于水分迅速蒸发，药液浓度在局部迅速提高，致使对叶面组织造成灼伤。局部组织发生灼伤后，健部组织仍在继续生长时，就会导致叶面皱缩、畸形、扭曲
黄瓜结瓜异常	结出的黄瓜变得又短又粗	喷用多效唑控制黄瓜植株徒长，在控制茎蔓抽长生长的同时，也抑制了瓜条的伸长
	棚室早春黄瓜定植后，植株由下而上节节出现大量雌花密生在一起，一节少者也有4～5条瓜，能长成的瓜却很少	冬季和早春育苗，温度和日照时间有利于雌花的分化和形成。如果品种的节成性好，又使用乙烯利或增瓜灵进行处理，就会产生过量的雌花。由于雌花间互相争夺养分，所以结成的瓜反而更少

附录1　蔬菜病虫害防治安全用药表

防治对象	药剂名称	剂　型	施用方式	施药浓度	间隔期（天）
猝倒病	霜霉威	72.2%水剂（重量/容量）	苗床浇灌	700倍液	3（黄瓜）
立枯病	噁霉灵	15%水剂	拌土	1.5~1.8克/米^2	1（黄瓜）
	噁霉灵	30%水剂	苗床喷淋结合灌根	1 500~2 000倍液	1（黄瓜）
猝倒病和立枯病	福•甲霜	38%可湿性粉剂	苗床浇洒	600倍液	
	噁霉•甲霜	30%水剂	灌根	2 000倍液	
疫病（包括根腐型疫病）	烯酰吗啉	50%可湿性粉剂	植株喷淋结合灌根	1 500倍液	1（黄瓜）
	霜脲氰	50%可湿性粉剂	植株喷淋结合灌根	2 000倍液	14
	烯肟菌酯	25%乳油	植株喷淋结合灌根	2 000倍液	
	霜霉威	72.2%水剂	植株喷淋结合灌根	800倍液	5（番茄） 3（黄瓜）
灰霉病	甲硫•霉威	65%可湿性粉剂	喷雾	700倍液	
	腐霉利	50%可湿性粉剂	喷雾	1 000倍液	1
	乙烯菌核利	50%干悬浮剂	喷雾	800倍液	4
	木霉菌	2亿活孢子/克可湿性粉剂	喷雾	500倍液	7

(续)

防治对象	药剂名称	剂　型	施用方式	施药浓度	间隔期（天）
白粉病	氟硅唑	40%乳油	喷雾	8 000倍液	2
	苯醚甲环唑	10%水分散粒剂	喷雾	900~1 500倍液	7~10
	腈菌唑	12.5%乳油	喷雾	2 500倍液	
	嘧菌酯	50%水分散粒剂	喷雾	4 000倍液	1
	吡唑醚菌酯	25%乳油（重量/容量）	喷雾	2 500倍液	1（黄瓜）
	烯肟菌胺	5%乳油	喷雾	1 000倍液	
炭疽病	咪鲜胺	50%可湿性粉剂	喷雾	1 500倍液	10 1（黄瓜）
	百菌清	75%可湿性粉剂	喷雾	500倍液	7
	嘧菌酯	25%悬浮剂	喷雾	2 000倍液	3
叶斑病	异菌脲	50%可湿性粉剂	喷雾	600倍液	7
	苯醚甲环唑	10%水分散粒剂	喷雾	1 000倍液	7~10
	嘧菌酯	25%悬浮剂	喷雾	2 000倍液	3
	百菌清	75%可湿性粉剂	喷雾	600倍液	7
病毒病	宁南霉素	10%可溶性粉剂	喷雾	1 000倍液	5
	氨基寡糖素	2%水剂	喷雾	300~450倍液	7~10
	菌毒清	5%水剂	喷雾	250~300倍液	7
	三氮唑核苷	3%水剂	喷雾	900~1 200倍液	7~15
辣椒疮痂病	中生菌素	3%可湿性粉剂	喷雾	600倍液	3
黄瓜霜霉病	烯酰吗啉	50%可湿性粉剂	喷雾	1 500倍液	1
	霜脲氰	50%可湿性粉剂	喷雾	2 000倍液	1
	烯肟菌酯	25%乳油	喷雾	2 000倍液	
	霜霉威	72.2%水剂	喷雾	800倍液	3

（续）

防治对象	药剂名称	剂　型	施用方式	施药浓度	间隔期（天）
黄瓜黑星病	腈菌唑	12.5%乳油	喷雾	2 500倍液	
	氟硅唑	40%乳油	喷雾	8 000倍液	1
	嘧菌酯	25%悬浮剂	喷雾	1 000倍液	3
黄瓜蔓枯病	百菌清	75%可湿性粉剂	喷雾	600倍液	1
	嘧菌酯	25%悬浮剂	喷雾	1 000倍液	3
黄瓜枯萎病	福美双	50%可湿性粉剂	灌根	600倍液	7
	甲基硫菌灵	70%可湿性粉剂	灌根	600倍液	1
	春雷霉素	2%可湿性粉剂	灌根	100倍液	1
黄瓜细菌性角斑病	中生菌素	3%可湿性粉剂	喷雾	600倍液	3
瓜类细菌性茎软腐病	中生菌素	3%可湿性粉剂	喷雾、喷淋茎	600倍液	3
茄子黄萎病	福美双	50%可湿性粉剂	灌根	600倍液	7
	甲基硫菌灵	70%可湿性粉剂	灌根	600倍液	14
茄子绵疫病	烯酰吗啉	50%可湿性粉剂	喷雾	1 500倍液	
	霜脲氰	50%可湿性粉剂	喷雾	2 000倍液	14
	烯肟菌酯	25%乳油	喷雾	2 000倍液	
	霜霉威	72.2%水剂（重量/容量）	喷雾	800倍液	5
茄子细菌性软腐病	中生菌素	3%可湿性粉剂	喷雾	600倍液	3
番茄叶斑病	咪鲜胺	50%可湿性粉剂	喷雾	1 500倍液	10
番茄叶霉病	腈菌唑	12.5%乳油	喷雾	2 500倍液	
	氟硅唑	40%乳油	喷雾	8 000倍液	2
	甲基硫菌灵	70%可湿性粉剂	喷雾	1 500~2 000倍液	5
	春雷霉素	2%水剂	喷雾	400~500倍液	1

(续)

防治对象	药剂名称	剂　型	施用方式	施药浓度	间隔期（天）
番茄早疫病	异菌脲	50%可湿性粉剂	喷雾	600倍液	7
	苯醚甲环唑	10%水分散粒剂	喷雾	1 000倍液	7~10
	嘧菌酯	25%悬浮剂	喷雾	2 000倍液	3
番茄，茄子根腐病	烯酰吗啉	50%可湿性粉剂	喷雾	1 500倍液	
	福美双	50%可湿性粉剂	灌根	600倍液	7
番茄细菌性溃疡病或髓部坏死	中生菌素	3%可湿性粉剂	喷雾	600倍液	3
番茄青枯病	中生菌素	3%可湿性粉剂	灌根	600~800倍液	3
	多粘类芽孢杆菌	0.1亿cfu/克细粒剂	灌根	300倍液	
	叶枯唑（艳丽）	20%可湿性粉剂	灌根	1 500~2 000倍液	
	荧光假单胞杆菌	10亿/毫升水剂	灌根	80~100倍液	
根结线虫	氰氨化钙	50%颗粒剂	土壤消毒	100千克/亩	
	丁硫克百威	5%颗粒剂	沟施	5~7千克/亩	25
	棉隆（必速灭）	98%颗粒剂	土壤处理	30~40克/米^2	
	威百亩	35%水剂	沟施	4~6千克/亩	
	淡紫拟青霉	5亿活孢子/克颗粒剂	沟施或穴施	2.5~3千克/亩	
	噻唑膦	10%颗粒剂	土壤撒施	1.5~2千克/亩	
	硫线磷（克线丹）	5%颗粒剂	拌土撒施	8~10千克/亩	
蚜虫	吡虫啉	10%可湿性粉剂	喷雾	2 000倍液	7 1（黄瓜）
	啶虫脒	3%乳油	喷雾	1 500倍液	7 1（黄瓜）
	抗蚜威	50%可湿性粉剂	喷雾	4 000倍液	7
	顺式氯氰菊酯	5%乳油	喷雾	5 000~8 000倍液	3
	氯噻啉	10%可湿性粉剂	喷雾	4 000~7 000倍液	
	高效氯氟氰菊酯	2.5%可湿性粉剂	喷雾	1 500~2 000倍液	7

（续）

防治对象	药剂名称	剂　型	施用方式	施药浓度	间隔期（天）
白粉虱	吡虫啉	10%可湿性粉剂	喷雾	2 000倍液	7 1（黄瓜）
	啶虫脒	3%乳油	喷雾	1 500倍液	7 1（黄瓜）
	吡•丁硫	20%乳油	喷雾	1 200~2 500倍液	
	吡丙醚（蚊蝇醚）	10.8%乳油	喷雾	800~1 500倍液	
	高效氯氟氰菊酯	2.5%乳油	喷雾	2 000倍液	7
	联苯菊酯	3%水乳剂	喷雾	1 500~2 000倍液	4
潜叶蝇	灭蝇胺	10%悬浮剂	喷雾	800倍液	7
	顺式氯氰菊酯	5%乳油	喷雾	5 000~8 000倍液	3
	灭蝇•杀单	20%可溶性粉剂	喷雾	1 000~1 500倍液	
蓟马	多杀菌素	2.5%乳油	喷雾	1 000倍液	1
	吡虫啉	10%可湿性粉剂	喷雾	2 000倍液	7 1（黄瓜）
	丁硫克百威	20%乳油	喷雾	600~1 000倍液	15
	丁硫•杀单	5%颗粒剂	撒施	1.8~2.5千克/亩	
螨	克螨特（炔螨特）	73%乳油	喷雾	2 000倍液	7
	浏阳霉素	10%乳油	喷雾	2 000倍液	7
	噻螨酮	5%乳油	喷雾	1 500倍液	30
	哒螨灵	15%乳油	喷雾	2 000~3 000倍液	10 1（黄瓜）

附录2　我国禁用和限用农药名录

（一）禁止使用的农药

1.六六六、滴滴涕、毒杀芬、二溴氯丙烷、杀虫脒、二溴乙烷、除草醚、艾氏剂、狄氏剂、汞制剂、砷类、铅类、敌枯双、氟乙酰胺、甘氟、毒鼠强、氟乙酸钠、毒鼠硅、甲胺磷、甲基对硫磷、对硫磷、久效磷、磷胺、苯线磷、地虫硫磷、甲基硫环磷、磷化钙、磷化镁、磷化锌、硫线磷、蝇毒磷、治螟磷、特丁硫磷、氯磺隆、福美胂、福美甲胂、胺苯磺隆单剂产品、甲磺隆单剂产品、胺苯磺隆复配制剂产品、甲磺隆复配制剂产品、百草枯。

2.三氯杀螨醇：自2018年10月1日起禁止使用。

（二）限制使用的农药

中文通用名	禁止使用范围
甲拌磷、甲基异柳磷、内吸磷、克百威、涕灭威、灭线磷、硫环磷、氯唑磷	蔬菜、果树、茶树、药用植物
水胺硫磷	柑橘树
灭多威	柑橘树、苹果树、茶树、十字花科蔬菜
硫丹	苹果树、茶树
溴甲烷	草莓、黄瓜
氧乐果	甘蓝、柑橘树
三氯杀螨醇、氰戊菊酯	茶树
杀扑磷	柑橘树

（续）

中文通用名	禁止使用范围
丁酰肼（比久）	花生
氟虫腈	除卫生用、玉米等部分旱田种子包衣剂外的其他用途
溴甲烷、氯化苦	登记使用范围和施用方法变更为土壤熏蒸，撤销除土壤熏蒸外的其他登记
毒死蜱、三唑磷	蔬菜
2,4-滴丁酯	不再受理、批准2,4-滴丁酯（包括原药、母药、单剂、复配制剂，下同）的田间试验和登记申请；不再受理、批准2,4-滴丁酯境内使用的续展登记申请。保留原药生产企业2，4-滴丁酯产品的境外使用登记，原药生产企业可在续展登记时申请将现有登记变更为仅供出口境外使用登记
氟苯虫酰胺	自2018年10月1日起，禁止氟苯虫酰胺在水稻作物上使用
克百威、甲拌磷、甲基异柳磷	自2018年10月1日起，禁止克百威、甲拌磷、甲基异柳磷在甘蔗作物上使用
磷化铝	应当采用内外双层包装。外包装应具有良好密闭性，防水防潮防气体外泄。自2018年10月1日起，禁止销售、使用其他包装的磷化铝产品

按照《农药管理条例》规定，任何农药产品使用都不得超出农药登记批准的使用范围。剧毒、高毒农药不得用于防治卫生害虫，不得用于蔬菜、瓜果、茶叶和药用植物生产。

附录3　安全合理施用农药

1. 科学选择农药

首先要对症选药，否则防治无效或产生药害；其次到正规农药销售点购买农药，购买时要查验需要购买的农药产品三证号是否齐全、产品是否在有效期内、产品外观质量有没有分层沉淀或结块、包装有没有破损、标签内容是否齐全等。优先选择高效低毒低残留农药，防治害虫时尽量不使用广谱农药，以免杀灭天敌及非靶标生物，破坏生态平衡。与此同时，还要注意选择对施用作物不敏感的农药。此外，还要根据作物产品的外销市场，不选择被进口市场明令禁止使用的农药。

2. 仔细阅读农药标签

农民朋友在购买农药时，要认真查看贴在农药上的标签，包括名称、含量、剂型、三证号、生产单位、生产日期、农药类型、容量和重量、毒性标识等。为了安全生产以及您和家人的健康，请认真阅读标签，按照标签上的使用说明科学合理地使用农药。

3. 把握好用药时期

把握好用药时期是安全合理使用农药的关键，如果使用时期不对，既达不到防治病、虫、草、鼠害的目的，还会造成药剂、人力的浪费，甚至出现药害、农药残留超标等问题。要注意按照农药标签规定的用药时期，结合要防治病、虫、草、鼠的生育期和作物的生育期，选择合适的时期用药。施药时期要避开作物的敏感期和天气的敏感时段，以避免发生药害。防治病害应在发病初期施药；防治虫害一般在卵孵盛期或低龄幼虫时期施药，即“治早、治小、治了”，也就是说应抓住发生初期。此外要注意农药安全间隔期（最后一次施药至作物收获的间隔天数)。

4. 掌握常见农药使用方法

药剂的施用方法主要取决于药剂本身的性质和剂型。为达到安全、经济、有效使用农药的目的，必须根据不同的防治对象，选择合适的农药剂型和使用方法。各种使用方法各具特点，应灵活选用。

5. 合理混用，交替用药

即便是再好的药剂也不要连续使用，要合理轮换使用不同类型的农药，单一多次使用同一种农药，都容易导致病、虫、草、抗药性的产生和农产品农药残留量超标，同时也会缩短好药剂的使用寿命。不要盲目相信某些销售人员的推荐，或者发现效果好的农药，就长期单一使用，不顾有害生物发生情况盲目施药，造成有害生物抗药性快速上升，不少果农认为农药混用的种类越多效果越好，常将多种药剂混配，多者甚至达到5～6种。不当的农药混用等于加大了使用剂量，而且容易降低药效。

6. 田间施药，注意防护

由于农药属于特殊的有毒物质，因此，使用者在使用农药时一定要特别注意安全防护，注意避免由于不规范、粗放的操作而带来的农药中毒、污染环境及农产品农药残留超标等事故的发生。

7. 剩余农药和农药包装物合理处置

未用完的剩余农药严密包装封存，需放在专用的儿童、家畜触及不到的安全地方。不可将剩余农药倒入河流、沟渠、池塘，不可自行掩埋、焚烧、倾倒，以免污染环境。施药后的空包装袋或包装瓶应妥善放入事先准备好的塑料袋中带回处理，不可作为他用，也不可乱丢、掩埋、焚烧，应送农药废弃物回收站或环保部门处理。

附录4　农药的配制

1. 药剂浓度表示法

目前，我国在生产上常用的药剂浓度表示法有倍数法、百分比浓度（%）和百万分浓度法。

倍数法是指药液（药粉）中稀释剂（水或填料）的用量为原药剂用量的多少倍，或者是药剂稀释多少倍的表示法。生产上往往忽略农药和水的密度差异，即把农药的密度看作1。通常有内比法和外比法两种配法。用于稀释100（含100倍）以下时用内比法，即稀释时要扣除原药剂所占的1份。如稀释10倍液，即用原药剂1份加水9份。用于稀释100倍以上时用外比法，计算稀释量时不扣除原药剂所占的1份。如稀释1 000倍液，即可用原药剂1份加水1 000份。

百分比浓度（%）是指100份药剂中含有多少份药剂的有效成分。百分浓度又分为重量百分浓度和容量百分浓度。固体和固体之间或固体与液体之间，常用重量百分浓度；液体与液体之间常用容量百分浓度。

2. 农药的稀释计算

（1）按有效成分的计算法

原药剂浓度 × 原药剂重量＝稀释药剂浓度 × 稀释药剂重量

①求稀释剂重量

计算100倍以下时：

稀释剂重量＝原药剂重量 ×（原药剂浓度－稀释药剂浓度）/稀释药剂浓度

例：用40%嘧霉胺可湿性粉剂5千克，配成2%稀释液，需加水多少？

5千克 ×（40%−2%）/2%=95千克

计算100倍以上时：

稀释剂重量＝原药剂重量 × 原药剂浓度/稀释药剂浓度

例：将50毫升80%敌敌畏乳油稀释成0.05%浓度，需加水多少？

50毫升 ×80%/0.05%=80000毫升=80升

②求用药量

原药剂重量=稀释药剂重量 × 稀释药剂浓度/原药剂浓度

例：要配制0.5%香菇多糖水剂1 000毫升，求25%香菇多糖乳油用量。

1000毫升 ×0.5% /25%=20毫升

（2）根据稀释倍数的计算法

此法不考虑药剂的有效成分含量。

①计算100倍以下时：

稀释剂重量=原药剂重量 × 稀释倍数 − 原药剂重量

例：用40%氰戊菊酯乳油10毫升加水稀释成50倍药液，求水的用量。

10毫升 ×50−10毫升=490毫升

②计算100倍以上时：

稀释药剂量=原药剂重量 × 稀释倍数

例：用80%敌敌畏乳油10毫升加水稀释成1 500倍药液，求水的用量。

10毫升 ×1500=15000毫升=15升